广西自然保护区生物多样性

姑婆山野生植物

（下）

主 编 黄俞淞 林寿珣 吴正南 刘 演

广西科学技术出版社

·南宁·

图书在版编目（CIP）数据

姑婆山野生植物．下 / 黄俞淞等主编． -- 南宁 ：
广西科学技术出版社，2025．3． -- ISBN 978-7-5551
-2195-4

Ⅰ．S759.992.67；Q16

中国国家版本馆 CIP 数据核字第 2024EA9817 号

姑婆山野生植物（下）

黄俞淞　林寿珣　吴正南　刘　演　主编

策　　划：黎志海
责任编辑：梁珂珂　韦秋梅　　　　　　封面设计：梁　良
责任印制：陆　弟　　　　　　　　　　责任校对：苏深灿

出版人：岑　刚
出版发行：广西科学技术出版社　　　　地　　址：广西南宁市东葛路 66 号
邮政编码：530023　　　　　　　　　　网　　址：http://www.gxkjs.com

经　　销：全国各地新华书店
印　　刷：广西民族印刷包装集团有限公司

开　　本：890 mm × 1240 mm　1/16
字　　数：712 千字　　　　　　　　　印　　张：27.5
版　　次：2025 年 3 月第 1 版　　　　印　　次：2025 年 3 月第 1 次印刷
书　　号：ISBN 978-7-5551-2195-4
定　　价：268.00 元

《姑婆山野生植物》（下）
编委会

主　编：黄俞淞　林寿珣　吴正南　刘　演
副主编：陈文华　麦海森　覃　营　蒙　涛
编　委（按姓氏拼音排序）：

陈海玲　陈毅超　陈勇明　胡辛志　黄锡贤
蒋裕良　蒋　芸　李健玲　梁陈民　梁洁洁
梁　媛　梁　综　林春蕊　刘承灵　刘佑灵
刘振学　陆昭岑　罗卫强　马虎生　蒙　琦
牟光福　农素芸　谈银萍　陶源桂　许为斌
赵　晨　邹春玉

编著单位：广西壮族自治区中国科学院广西植物研究所
　　　　　广西贺州市姑婆山林场
　　　　　广西姑婆山自治区级自然保护区管理局

前　言

生物多样性是人类生存和发展的基础，也是生态安全和粮食安全的重要保障。党的十八大以来，习近平总书记围绕生态文明建设作出一系列重要论述，我国将生物多样性保护上升为国家战略。2021年10月，中共中央办公厅、国务院办公厅印发了《关于进一步加强生物多样性保护的意见》。翌年5月，中央广西壮族自治区党委办公厅、广西壮族自治区人民政府办公厅也印发了《关于进一步加强生物多样性保护的实施意见》。与此同时，我国正在加快构建以国家公园为主体的自然保护地体系，逐步把自然生态系统最重要、自然景观最独特、自然遗产最精华、生物多样性最富集的区域纳入国家公园体系，为我国乃至全球的生物多样性保护作出重大贡献。

广西生物多样性丰富程度仅次于云南、四川，拥有南岭区、桂西黔南石灰岩区、桂西南山地区和南海区4个中国生物多样性保护优先区域，覆盖广西绝大部分的自然保护地。广西还在国家重点保护野生动植物、极小种群野生植物、特有植物等方面积极开展保护行动，生物多样性保护成效显著。广西的生物多样性保护在中国履行《生物多样性公约》中具有重要的作用。然而，目前广西生物多样性资源本底还有待摸清，就植物多样性而言，近20多年来，广西每年有25个以上的植物新种被报道，而被报道的广西新记录种数量更多。因此，继续开展和完善广西生物多样性编目是发挥广西生物多样性总体价值的基础和关键。

姑婆山处于南岭地区五岭之一的萌渚岭南端，广西东部贺州市境内，为桂东地区重要的森林资源分布区和水源林涵养地，是贺州市生物多样性最丰富的区域之一。为贯彻落实"绿水青山就是金山银山"理念，彻底摸清姑婆山生物资源本底，广西姑婆山自治区级自然保护区与相关科研院所密切合作，不断加强生物多样性调查力度，在生物资源本底调查、珍稀濒危物种监测及保护对象的保护方面取得了显著成效。为了系统而全面地展示姑婆山新一轮生物资源调查的成果，拟对不同生物资源分别编研出版专著，《姑婆山野生植物》为姑婆山植物物种多样性的阶段性研究成果。

《姑婆山野生植物》分上、中、下3卷，收录包括石松类和蕨类植物、裸子植物、被子植物野生种类。其中，蕨类植物145种，隶属25科63属，主要采用PPGⅠ系统排列；裸子植物8种，隶属5科6属，采用郑万钧系统（1978年）排列；被子植物1213种，隶属154科581属，采用哈钦松系统（1926年和1934年）排列。各科所含属、种均编写检索表，为识别和鉴定提供便利。全书文字简练、图片清晰、物种鉴定准确，每种植物附有中文名称、别名、科名、属名、学名、简要的形态特征、分布及用途等信息。

本书在编著过程中得到广西贺州生态环境和生物多样性项目、广西贺州市姑婆山林场珍稀濒危野生植物科学研究与宣传教育项目、国家自然科学基金项目（32160050）、广西植物功能物质与资源持续利用重点实验室、广西喀斯特植物保育与恢复生态学重点实验室等的资助；在野外调查和标本鉴定过程中，得到广西壮族自治区药用植物园、广西壮族自治区中医药研究院、中国科学院华南植物园、中国科学院植物研究所、中国科学院昆明植物研究所等单位的大力支持，在此谨致以衷心感谢！

本书的出版将为姑婆山生物多样性的保护与可持续利用提供基础资料，可供植物学、林学、农学、生态学等科研工作者，以及高等院校师生和植物爱好者参考使用。对书中错漏之处，敬请读者批评指正。

编著者

2024年11月

目　录

各论 · 被子植物

Angiospermae

233. 忍冬科 Caprifoliaceae

本科有 13 属约 500 种，分布于北温带和热带高海拔山地。我国有 12 属 200 余种；广西有 7 属 73 种；姑婆山有 4 属 11 种。

分属检索表

1. 奇数羽状复叶···································接骨木属 *Sambucus*
1. 单叶。
  2. 花冠整齐，通常辐射状，若为钟状、筒状或高脚碟状，则花柱极短，不具蜜腺；茎干有皮孔··荚蒾属 *Viburnum*
  2. 花冠多少不整齐或二唇形，若整齐则花柱细长，有蜜腺；茎干无皮孔，但常纵裂。
   3. 木质藤本····································忍冬属 *Lonicera*
   3. 灌木或小乔木································锦带花属 *Weigela*

忍冬属 *Lonicera* L.

本属约有180种，产于北美洲、欧洲、亚洲及非洲北部的温带和亚热带地区，在亚洲分布南可达菲律宾群岛和马来西亚南部。我国有57种；广西有23种；姑婆山有3种。

分种检索表

1. 苞片叶状，卵形至椭圆形···························忍冬 *L. japonica*
1. 苞片条状披针形。
  2. 叶背具无柄或有极短柄的黄色至橘红色蘑菇状腺体·········菰腺忍冬 *L. hypoglauca*
  2. 叶背无腺，被短柔毛组成的白色毡毛···············皱叶忍冬 *L. reticulata*

忍冬 小山花

Lonicera japonica Thunb.

半常绿藤本。幼枝密被毛。叶片纸质，基部圆或近心形，有糙缘毛。花序梗常单生于小枝上部叶腋；苞片大，叶状，卵形至椭圆形；小苞片先端圆形或截形，有短糙毛和腺毛；花冠白色，有时基部向阳面呈微红色，后变黄色。果球形，熟时蓝黑色。花期4~6月，果期10~11月。

生于山坡灌丛、疏林中；少见。　花蕾为中药"金银花"，具有清热解毒的功效；茎枝为中药"忍冬藤"，具有清热解毒、通络的功效。

忍冬科 Caprifoliaceae

菰腺忍冬

Lonicera hypoglauca Miq.

落叶藤本。幼枝、叶柄、叶片背面和腹面中脉及花序梗均密被顶端弯曲的淡黄褐色短柔毛，有时还被糙毛。叶片先端渐尖或尖，基部近圆形或心形，背面有时粉绿色，具无柄或有极短柄的黄色至橘红色蘑菇状腺体。两性花单生至多朵簇生于侧生短枝上，或于小枝顶集合成总状花序；花冠白色，有时带淡红晕，后变黄色，唇形，筒比唇瓣稍长，外面疏生倒微伏毛，并常具无柄或有短柄的腺。花期4~6月，果期10~11月。

生于山坡疏林、密林中或林缘；常见。 花蕾入药，具有清热解毒、凉散风热的功效，可用于痈肿疔疮、喉痹、丹毒、热血毒痢、风热感冒、湿病发热等。

接骨木属 *Sambucus* L.

本属约有10种，分布于温带和亚热带地区。我国有4种；广西有2种；姑婆山有1种。

接骨草 走马风

Sambucus javanica Reinw.ex Blume

高大草本或亚灌木。枝具条棱，髓部白色。奇数羽状复叶对生，具小叶2~3对；小叶狭卵形。聚伞花序复伞状，顶生，大而疏散；花序梗基部托以叶状总苞片，分枝3~5歧，纤细；花小，白色，杂有黄色杯状的不孕花。果近球形，熟时红色。花期4~7月，果期9~11月。

生于山坡路旁；少见。 根、茎和叶入药，具有祛风、消肿、利尿的功效。

忍冬科 Caprifoliaceae

荚蒾属 *Viburnum* L.

本属约有200种，分布于温带和亚热带地区，亚洲及南美洲的种类较多。我国约有73种；广西有42种；姑婆山有7种。

分种检索表

1. 总花序圆锥状；叶片革质，边缘近全缘⋯⋯⋯⋯⋯⋯⋯⋯⋯⋯⋯⋯珊瑚树 *V. odoratissimum*
1. 总花序为复伞形聚伞花序，稀伞形。
 2. 常绿灌木。
  3. 叶片边缘全缘⋯⋯⋯⋯⋯⋯⋯⋯⋯⋯⋯⋯⋯⋯⋯⋯⋯⋯常绿荚蒾 *V. sempervirens*
  3. 叶片边缘具粗大钝齿⋯⋯⋯⋯⋯⋯⋯⋯⋯⋯⋯⋯⋯⋯⋯⋯淡黄荚蒾 *V. lutescens*
 2. 落叶灌木或乔木。
  4. 当年生枝无毛⋯⋯⋯⋯⋯⋯⋯⋯⋯⋯⋯⋯⋯⋯⋯⋯⋯⋯⋯茶荚蒾 *V. setigerum*
  4. 当年生枝被毛。
   5. 幼枝、叶柄、花序被星状茸毛。
    6. 叶片卵圆形，两面被黄褐色星状毛；花序外围有2~5朵白色的大型不孕花⋯⋯⋯⋯⋯⋯
      ⋯⋯⋯⋯⋯⋯⋯⋯⋯⋯⋯⋯⋯⋯⋯⋯⋯⋯⋯⋯⋯蝶花荚蒾 *V. hanceanum*
    6. 叶片菱状卵形，腹面初时有叉状毛或星状毛，后仅叶脉被毛，背面毛较密，无腺点；花序
      无不孕花⋯⋯⋯⋯⋯⋯⋯⋯⋯⋯⋯⋯⋯⋯⋯⋯⋯⋯⋯南方荚蒾 *V. fordiae*
   5. 幼枝、叶柄、花序被刚毛或簇状毛⋯⋯⋯⋯⋯⋯⋯⋯⋯⋯⋯⋯荚蒾 *V. dilatatum*

荚蒾

Viburnum dilatatum Thunb.

落叶灌木。植株高可达3 m。冬芽具2枚外鳞。叶片纸质，宽倒卵形、倒卵形或宽卵形，先端急尖，基部圆形至钝形或微心形，有时楔形，边缘具齿，背面稍密生黄色叉状毛或簇状毛，脉上的毛尤密。复伞形聚伞花序生于具一对叶的短枝顶，果期毛多少脱落；花冠白色，辐射状。果红色，椭圆状卵球形；核扁，卵形。花期5~6月，果期9~11月。

生于路旁、山坡疏林及灌丛中；常见。根、枝和叶入药，根具有祛瘀消肿的功效，枝和叶具有清热解毒、疏风解表的功效；种子含油量10.03%~12.91%，可用于制肥皂和润滑油；韧皮纤维可用于制绳和人造棉；可作庭园绿化植物。

忍冬科 Caprifoliaceae

南方荚蒾 火柴木、映山红、猫屎木
Viburnum fordiae Hance

　　灌木或小乔木。植株高可达5 m。全株几乎均被暗黄色或黄褐色茸毛。叶片厚纸质、宽卵形或菱状卵形，边缘常有小尖齿，叶背毛较密，无腺点，叶脉在腹面略凹陷，在背面突起。复伞形聚伞花序顶生或生于具1对叶的侧生小枝之顶；花冠白色，辐射状，裂片卵形。果红色，卵形；核扁，有2条腹沟和1条背沟。花期4~5月，果期10~11月。

　　生于山坡路旁；常见。　全株药用，具有祛风清热、散瘀活血的功效；可作庭园绿化植物。

南方荚蒾 火柴木、映山红、猫屎木
Viburnum fordiae Hance

蝶花荚蒾

Viburnum hanceanum Maxim.

灌木。植株高可达2 m。幼枝、叶柄及花序梗均被黄褐色或铁锈色茸毛。叶片纸质，卵圆形、近圆形或椭圆形，有时倒卵形，长4~8 cm，先端宽楔形至圆形，边缘除基部外具整齐而稍带波状的齿。伞形聚伞花序；可孕花花冠黄白色，辐射状；不孕花白色，直径2~3 cm，不整齐4~5裂，裂片倒卵形。果红色，稍扁，卵形；核扁，两端圆，有1条上宽下窄的腹沟，背面有1条多少隆起的背。花期4~5月，果期8~9月。

生于沟谷溪边、灌丛中；少见。 花形优美，花色洁白，为良好的园林观花植物。

珊瑚树 旱禾树

Viburnum odoratissimum Ker Gawl.

　　常绿灌木或小乔木。枝灰色或灰褐色，有突起的小瘤状皮孔。叶片椭圆形至矩圆形或矩圆状倒卵形至倒卵形，有时近圆形，长7~20 cm。圆锥花序顶生或生于侧生短枝上，花白色，后变黄白色，有时微红色。果先红色后变黑色，卵球形或卵状椭球形。花期4~5月，果期7~9月。

　　生于山坡路旁；常见。　嫩叶、枝、树皮及根可药用，具有清热祛湿、通经活络、拔毒生肌的功效；叶可作绿肥；果期满树如"红珊瑚"，对氯气、二氧化硫、二氧化氮等抗性较强，宜作庭园绿化观赏树种。

常绿荚蒾 坚荚树

Viburnum sempervirens K. Koch

　　常绿灌木。植株高可达4 m。当年生小枝淡黄色或灰黄色，四棱柱形。叶片革质，干后腹面变黑色至黑褐色或灰黑色，椭圆形至椭圆状卵形，有时长圆形或倒披针形，先端尖或短渐尖，基部渐狭至钝形或近圆形，边缘全缘或具少数齿。复伞形聚伞花序顶生，有红褐色腺点；花序梗四棱柱形；花冠白色，辐射状。果红色，卵球形；核扁球形，腹面深凹陷，背面突起。花期5月，果期10~12月。

　　生于山坡疏林下；常见。　叶入药，可用于跌打、骨折、风湿骨痛等；果味酸甜，可食；可作庭园绿化树种。

常绿荚蒾 坚荚树

忍冬科 Caprifoliaceae

茶荚蒾 汤饭子、刚毛荚蒾

Viburnum setigerum Hance

　　落叶灌木。植株高达3 m。芽及叶干后均变黑色或灰黑色，与浅灰黄色具棱角的当年生小枝反差极大。冬芽较长。叶片纸质，卵状长圆形至卵状披针形，先端渐尖，基部圆形；侧脉每边6~8条，笔直而近并行，直达齿端。复伞形聚伞花序无毛或稍被长伏毛，具极小的红褐色腺点，常弯垂；花芳香；花冠白色，干后变黑，辐射状。果序弯垂；果红色，卵球形；核甚扁，卵球形，腹面扁平或略凹陷。花期4~5月，果期9~10月。

　　生于山坡；常见。　根入药，可用于白浊、肺痈；果入药，具有健脾胃的功效，可用于脾胃虚弱、食欲缺乏、纳呆。

茶荚蒾 汤饭子、刚毛荚蒾

Viburnum setigerum Hance

锦带花属 *Weigela* Thunb.

本属有10余种，主要分布于亚洲东部和美洲东北部。我国有2种；广西有1种；姑婆山亦有。

日本锦带花 半边月、杨栌
Weigela japonica Thunb.

落叶灌木。叶片长卵形至卵状椭圆形，稀倒卵形，基部阔楔形至圆形，边缘具齿。单花或具3朵花的聚伞花序生于短枝叶腋或顶端；花冠白色或淡红色，花开后逐渐变红色，漏斗状钟形。果长1.5~2 cm，顶端有短柄状喙，疏生柔毛；种子具狭翅。花期4~5月，果期6~7月。

生于山坡林下；常见。　　花形优美，花色艳丽，为优良的园林观花植物。

235. 败酱科 Valerianaceae

本科有12属约300种，主要分布于北温带地区。我国有3属33种；广西有2属9种；姑婆山有1属1种。

败酱属 *Patrinia* Juss.

本属约有20种，分布于亚洲东部至中部和北美洲西北部。我国有11种；广西有5种；姑婆山有1种。

白花败酱　攀倒甑、白风草
Patrinia villosa (Thunb.) Juss.

多年生草本。植株高50~100 cm。具长而横走的根状茎。基生叶丛生，具长柄；茎生叶对生，叶片卵形、卵状披针形或长圆状披针形，先端尾尖、渐尖或急尖，基部楔状下延，边缘具粗齿或钝齿，常不分裂，有时具1~2对侧生裂片。聚伞花序排成圆锥状或伞房状；花序梗被毛或仅被2纵列糙毛；总苞披针形或线状披针形；花白色；萼齿钝齿状；花冠钟状，裂片卵形或卵状长圆形，稍不等大；雄蕊4枚，伸出花冠。瘦果倒卵形，基部与宿存增大苞片贴生；果苞近圆形，顶端钝圆或微3裂，具2条主脉及明显的网脉。花期8~10月，果期9~11月。

生于山坡林下；常见。　根状茎、带根全草入药，具有清热利湿、解毒排脓、活血祛痰的功效。

236. 川续断科 Dipsacaceae

本科有10属约250种，分布于非洲、亚洲、欧洲。我国有4属17种；广西有3种；姑婆山有1种。

川续断

Dipsacus asper Wall. ex DC.

多年生草本。茎中空，具6~8条棱，棱上疏生下弯粗短的硬刺。基生叶稀疏丛生，叶片琴状羽裂，腹面被白色刺毛或乳头状刺毛，背面沿脉密被刺毛；茎生叶在茎的中下部为羽状深裂，边缘具疏粗齿；上部的茎生叶披针形，不裂或基部3裂；基生叶和下部的茎生叶具长柄。头状花序球形；花序梗长达55 cm；花冠淡黄色或白色；雄蕊4枚，明显超出花冠。瘦果长倒卵球形，包藏于小总苞内，仅顶端外露于小总苞外。花期7~9月，果期9~11月。

生于山坡林缘、草丛中或路旁；常见。 根入药，具有行血消肿、生肌止痛、续筋接骨、补肝肾、强腰膝、安胎的功效。

238. 菊科 Asteraceae

本科有1600~1700属约24000种，广泛分布于全世界，热带地区较少。我国有248属2336种；广西有98属293种；姑婆山有46属79种2变种，其中有5种为栽培种。

分属检索表

1. 头状花序全部为管状花或具二型的小花，中央为管状花；植株无乳汁。
  2. 花药的基部钝或微尖；叶互生、对生或轮生。
    3. 花柱分支圆柱形，上端有棒槌状或稍扁、钝的附属器；头状花序盘状，具同型的管状花；叶通常对生。
      4. 冠毛棒状，4条，基部合生成环··**下田菊属** *Adenostemma*
      4. 冠毛膜片状、刚毛状或糙毛状，基部不合生成环。
        5. 冠毛膜片状，5~6枚··**藿香蓟属** *Ageratum*
        5. 冠毛糙毛状或刚毛状，多数。
          6. 总苞片紧贴而不展开，开花后通常脱落而留下裸露的花托。
            7. 花托圆锥状突起··**假臭草属** *Praxelis*
            7. 花托平坦或稍突起··**香泽兰属** *Chromolaena*
          6. 总苞片通常会展开，开花后至少有部分外层总苞片宿存·············**泽兰属** *Eupatorium*
    3. 花柱分支上端无棒槌状或稍扁、钝的附属器；头状花序辐射状或盘状，边缘通常具舌状花。
      8. 花柱分支通常截平，上端无或有尖或三角形的附属器，有时分支钻形。
        9. 无冠毛，或冠毛膜片状、芒状、冠状，非毛状；叶对生或互生。
          10. 总苞片叶质；头状花序通常辐射状或卵形；叶对生。
            11. 雌头状花序内层总苞片合成囊状，卵形，在果期成熟变硬，上端具1~2枚坚硬的喙，外面具钩状的刺··**苍耳属** *Xanthium*
            11. 非上述情况。
              12. 冠毛羽状或膜片状，非芒刺状··**牛膝菊属** *Galinsoga*
              12. 冠毛缺失或芒刺状。
                13. 瘦果压扁状，或至少管状花瘦果的一面压扁状。
                  14. 冠毛锐尖并具倒钩刺的芒刺··**鬼针草属** *Bidens*
                  14. 冠毛为不明显的细齿或硬刺状··**金纽扣属** *Acmella*
                13. 瘦果明显丰满，不呈压扁状，或舌状花的瘦果具3~5棱；管状花的瘦果压扁状。
                15. 花序托托片折合，包裹或半包裹两性花··**蟛蜞菊属** *Sphagneticola*
                15. 花序托平坦或内凹，非对折状，包裹或不包裹两性花。
                  16. 外层非棒状，冠毛为1~2枚细齿··**鳢肠属** *Eclipta*
                  16. 外层长棒状，有腺毛；无冠毛··**豨莶属** *Sigesbeckia*
           10. 总苞片全部或边缘干膜质；头状花序盘状或辐射状；叶互生。
            17. 头状花序辐射状，边缘为舌状花··**菊属** *Chrysanthemum*
            17. 头状花序盘状，边缘雌花细管状或无花冠。
              18. 矮小铺地草本；边缘雌花多层··**石胡荽属** *Centipeda*

18. 直立草本或亚灌木；边缘雌花1~2层·······················**蒿属** *Artemisia*

9. 冠毛通常毛状；叶互生。

19. 头状花序辐射状，边缘雌花舌状。

20. 叶脉羽状，稀为离基三出脉。

21. 直立草本或亚灌木；叶片边缘通常具尖齿；花药基部具尾；瘦果无毛···**合耳菊属** *Synotis*

21. 直立、匍匐、平卧或攀缘状草本；叶片边缘全缘或多少具齿；花药基部具短耳；瘦果被柔毛或无毛·····················**千里光属** *Senecio*

20. 叶脉掌状，稀为羽状。

22. 茎下部的叶及基生叶的叶柄具鞘·····················**橐吾属** *Ligularia*

22. 茎下部的叶及基生叶的叶柄无鞘。

23. 多年生攀缘状草本·····················**藤菊属** *Cissampelopsis*

23. 多年生直立草本，茎通常葶状、近葶状·····················**蒲儿根属** *Sinosenecio*

19. 头状花序盘状，全为两性管状花或边缘雌花细管状。

24. 总苞片1层，等长·····················**一点红属** *Emilia*

24. 总苞片2层。

25. 多年生草本，叶片基部不下延为狭翅·····················**菊三七属** *Gynura*

25. 一年生草本，叶片基部常下延为狭翅·····················**野茼蒿属** *Crassocephalum*

8. 花柱分支通常一面平，一面突起，上端有尖或三角形的附属器，有时钝；叶互生。

26. 头状花序辐射状；舌状花明显。

27. 舌状花具黄色舌片·····················**一枝黄花属** *Solidago*

27. 舌状花的舌片非黄色。

28. 舌状花通常1层·····················**紫菀属** *Aster*

28. 舌状花2层·····················**飞蓬属** *Erigeron*

26. 头状花序盘状；雌花花冠细管状，顶端无舌片或小舌片不明显·········**鱼眼草属** *Dichrocephala*

2. 花药基部具长尾尖或箭形；叶互生。

29. 花柱分支细长，钻形；头状花序盘状，具同型的管状花。

30. 头状花序具花序梗，在茎上排成圆锥花序状、伞房花序状或总状·········**斑鸠菊属** *Vernonia*

30. 头状花序无花序梗，簇生或在茎上排成穗状花序状·········**地胆草属** *Elephantopus*

29. 花柱分支非细长钻形；头状花序盘状或辐射状。

31. 花柱顶端有膨大而被毛的节，分支顶端无附属器，或不分支；头状花序含同型管状花，有时具不育的辐射状花·····················**风毛菊属** *Saussurea*

31. 花柱顶端无被毛的节，分支顶端无附属器或具三角形附属器；头状花序含二型花。

32. 头状花序的管状花花冠浅裂，非二唇形。

33. 头状花序辐射状或盘状；雌花花冠舌状或细管状，花柱较花冠短。

34. 瘦果具冠毛·····················**羊耳菊属** *Duhaldea*

34. 瘦果无冠毛。

35. 花序常朝下，雌花花柱较花冠长·····················**天名精属** *Carpesium*

　　35. 花序常朝上，雌花花柱较花冠短···································球菊属 *Epaltes*

　33. 头状花序盘状；雌花花冠细管状或丝状，花柱较花冠长。

　　36. 总苞片草质或半革质。

　　　37. 外层总苞片线形或线状披针形，稀为卵形，草质或边缘干膜质········艾纳香属 *Blumea*

　　　37. 外层总苞片阔卵形，半革质···································阔苞菊属 *Pluchea*

　　36. 总苞片干膜质或膜质。

　　　38. 总苞片通常5层，白色；中央两性小花不育···················香青属 *Anaphalis*

　　　38. 总苞片2~4层或多层，总苞片为金黄色、淡黄色或黄褐色；中央两性小花可育········

　　　　···鼠麹草属 *Gnaphalium*

　32. 头状花序的管状花花冠不规则深裂，二唇形，或边缘小花舌状········兔儿风属 *Ainsliaea*

1. 头状花序全部为两性的舌状花，稀为两性的细管状花；植株通常具乳汁。

　39. 冠毛白色，多数，数层，由细曲毛及粗直毛组成···················苦苣菜属 *Sonchus*

　39. 冠毛白色、灰白色、黄色、淡黄色或棕色，通常为不等长的刚毛或糙毛，无细曲毛。

　　40. 瘦果的纵棱等形，10条；冠毛白色，稀为灰白色···················苦荬菜属 *Ixeris*

　　40. 瘦果的纵棱通常不等形，且不超过10条；冠毛白色、黄色或棕色。

　　　41. 舌状花瓣黄色。

　　　　42. 瘦果无喙···黄鹌菜属 *Youngia*

　　　　42. 瘦果具粗喙或细长喙···································黄瓜菜属 *Paraixeris*

　　　41. 舌状花瓣红色或紫色，非黄色···························紫菊属 *Notoseris*

下田菊属 *Adenostemma* J. R. Forst. & G. Forst.

本属有26种，广泛分布于热带地区。我国仅有1种；姑婆山亦有。

下田菊

Adenostemma lavenia (L.) Kuntze

一年生草本。植株高30~100 cm。茎直立，单生，着生稀疏的叶。基生叶在花期生存或凋萎；中部的茎生叶较大，长椭圆状披针形，叶柄有狭翼；上部和下部的茎生叶渐小，有短叶柄。头状花序小，花序分枝粗壮。瘦果倒披针形，长约4 mm。花果期8~10月。

生于山坡、山顶林下或路旁；常见。 全草入药，具有清热解毒、祛风消肿的功效。

菊科 Asteraceae

藿香蓟属 *Ageratum* L.

本属约有40种，主要分布于中美洲。我国有2种；广西仅有1种；姑婆山亦有。

藿香蓟 胜红蓟、白花草、咸虾花

Ageratum conyzoides L.

一年生草本。茎枝淡红色或上部绿色，被柔毛，常有腋生的不育叶。芽叶对生，有时茎上部的叶互生；叶片卵形至长圆形；两面被白色稀疏的短柔毛，基出3脉或不明显5脉。头状花序4~18个在茎顶通常排成紧密的伞房状花序；花淡紫色。瘦果黑褐色。花果期全年。

生于山坡路旁、荒地上；常见。 外来入侵种；全草、嫩茎、叶入药，具有祛风清热、止痛、止血、排石的功效。

兔儿风属 *Ainsliaea* DC.

本属约有50种，分布于亚洲东南部。我国有40种；广西有11种；姑婆山有4种。

分种检索表

1. 叶基生，排成莲座状。
  2. 叶片基部呈心形·····································杏香兔儿风 *A. fragrans*
  2. 叶片基部楔状，下延于叶柄成翅·····················长穗兔儿风 *A. henryi*
1. 叶多簇生于茎中部或中下部。
  3. 叶片两面绿色，基部圆形、截平或间有渐狭·············粗齿兔儿风 *A. grossedentata*
  3. 叶片背面紫红色，基部明显心形·····················纤枝兔儿风 *A. gracilis*

杏香兔儿风 杏香兔耳风、红背兔儿风
Ainsliaea fragrans Champ.

多年生草本。叶片背面、叶柄和花葶密被褐色长柔毛。根状茎短或伸长，具簇生细长须根；茎单一，直立。叶簇生于茎基部，排成莲座状或呈假轮生状；叶片卵形或卵状长圆形，背面淡绿色或有时带紫红色。花白色，开放时具杏仁香气，于花葶之顶排成间断的总状花序。瘦果棒状圆柱形。花期11~12月。

生于山坡密林、疏林下；常见。 全草入药，具有清热解毒、利尿、散结的功效。

菊科 Asteraceae

菊科 Asteraceae

纤枝兔儿风 软兔儿风
Ainsliaea gracilis Franch.

　　多年生草本。根状茎短；茎直立，单一或双生。叶簇生于茎的中下部，轮生时下方有1片或2片疏离；叶片卵形或卵状披针形，薄纸质，先端短尖至渐尖，基部心形或近心形，边缘具细齿，背面紫红色，疏被长柔毛，中脉基部尤密；基出脉3条，在叶片两面稍突起，网脉明显。头状花序具花3朵，在茎端排成总状花序；总苞圆筒形；总苞片近7层，外层总苞片小，卵形，中层和内层略长，长圆形至倒披针形；管状花两性；花冠檐部5深裂，裂片线状披针形，偏于一侧。瘦果近纺锤形；冠毛淡红色，羽毛状。花期9~11月。

　　生于山坡、路旁；常见。　全草入药，可用于咯血、无名肿毒、跌打损伤等。

长穗兔儿风　滇桂兔儿风

Ainsliaea henryi Diels

　　多年生草本。根状茎密被黄褐色茸毛。茎直立，单一，不分枝，高40~80 cm。叶基生，排成莲座状；叶片长卵形或长圆形，先端钝，具短尖头，基部楔状渐狭，在叶柄上下延成狭翅，边缘具波状圆齿，凹缺中间具细齿，腹面绿色，背面有时淡紫色；侧脉通常3对，网脉不明显；茎生叶小，上端呈苞叶状。头状花序常2~3个簇生并在茎顶端排成穗状花序；头状花序含花3朵；总苞圆筒形；总苞片约5层，先端具长尖头，外层总苞片上部紫红色；花两性。瘦果圆柱形，无毛，有粗纵棱。花期7~9月。

　　生于山坡林下、路旁；少见。　　全草入药，具有清热解毒、平喘止咳、止痛、凉血、利湿的功效，可用于咳嗽痰喘、小儿惊风、小儿疳积、毒蛇咬伤等。

香青属 *Anaphalis* DC.

本属约有110种，主要分布于亚洲中部、东北部和南部，少数分布于北美洲和大洋洲。中国有54种；广西有8种；姑婆山有1种。

珠光香青 山萩、火绒艾、白头翁
Anaphalis margaritacea (L.) Benth. et Hook. f.

多年生草本。根状茎横走或斜升，木质，有具褐色鳞片的短匍匐枝。茎下部的叶片在花期常枯萎；茎中部的叶片线形或线状披针形，基部稍狭，半抱茎，腹面被蛛丝状毛，后常脱毛，背面被灰白色或浅褐色厚绵毛。头状花序多数，在茎和枝端排成复伞房状；总苞宽钟状或半球状。瘦果长椭球形。花果期8~11月。

生于山顶林下、路旁；常见。　根或全草入药，具有清热解毒、祛风通络、驱虫的功效。

蒿属 *Artemisia* L.

　　本属约有380种，主要分布于亚洲、欧洲及北美洲的温带、寒温带及亚热带地区，少数分布于非洲、亚洲南部及中美洲等热带地区。中国有186种；广西有31种；姑婆山有4种。

分种检索表

1. 茎中部的叶片不分裂或叶先端间有2~3枚浅裂齿，边缘具整齐的细齿·············· 奇蒿 *A. anomala*
1. 茎中部的叶片一回至二回羽状全裂或深裂。
　2. 茎、枝、叶及总苞片背面不被腺毛或黏毛。
　　3. 茎中部的叶一回至二回羽状深裂至半裂·································· 艾 *A. argyi*
　　3. 茎中部的叶一回至二回羽状全裂或大头羽状深裂························ 五月艾 *A. indica*
　2. 茎、枝、叶及总苞片背面有明显腺毛或黏毛························ 白苞蒿 *A. lactiflora*

奇蒿　刘寄奴、金寄奴

Artemisia anomala S. Moore

　　多年生草本。植株高达1.5 m。茎单生，稀双生至少数，具纵棱。茎下部的叶片卵形或长卵形，稀倒卵形；茎中部的叶片卵形、长卵形或卵状披针形；茎上部的叶片与苞片小。头状花序长圆形或卵球形，排成密穗状花序。瘦果倒卵球形或长圆状倒卵球形。花果期6~11月。

　　生于山坡、路旁；常见。　全草入药，具有通经、活血、清热解毒、消炎、止痛、消食的功效；全株含挥发油，主要成分有黄酮苷、酚类、氨基酸等。

艾 艾蒿、灸草、艾叶

Artemisia argyi H. Lév. & Vaniot

多年生草本或略成亚灌木状。植株有浓烈香气。茎、枝均被灰色蛛丝状柔毛。叶片厚纸质，腹面和背面均密被茸毛；茎中部的叶片卵形、三角状卵形或近菱形，一回至二回羽状深裂至半裂；每侧裂片2~3枚，裂片卵形、卵状披针形或披针形，不再分裂或每侧有1~2个缺刻；叶片基部宽楔形，渐狭成短柄；叶脉干时锈色。头状花序椭球形，先排成穗状花序或复穗状花序，再排成狭窄、尖塔形的圆锥花序。瘦果长卵形或长圆形。花果期10月。

生于沟边、路旁；常见。全草入药，具有温经、祛湿、止血、消炎、散寒、平喘、止咳、安胎、抗过敏的功效。

菊科 Asteraceae

白苞蒿 鸭脚艾、白花蒿、广东刘寄奴

Artemisia lactiflora Wall. ex DC.

　　多年生草本。茎常单生，直立，高50~150 cm，上部多分枝。叶片纸质，阔卵形，羽状分裂；裂片3~5枚，卵状椭圆形或长椭圆状披针形。头状花序长圆形，无梗，先排成密穗状花序，再在分枝上排成复穗状花序，在茎上端则排成开展或略开展的圆锥花序。花果期8~11月。

　　生于山坡、路旁；少见。　全草入药，具有清热、解毒、消炎、止咳、通经、活血、散瘀的功效；全株含挥发油，成分有黄酮苷、酚类、氨基酸及香豆素等。

紫菀属 *Aster* L.

本属有152种，分布于亚洲、欧洲及北美洲。中国有123种；广西有14种；姑婆山有6种2变种。

分种检索表

1. 茎中部的叶片基部心形、耳形或小圆耳形，半抱茎…………………………………琴叶紫菀 *A. panduratus*
1. 茎中部的叶片基部非上述形状，不抱茎。
  2. 叶片两面无毛或疏被微毛，无腺点。
    3. 茎上部被短毛；头状花序单生枝端并排成疏伞房状……………………………马兰 *A. indicus*
    3. 茎无毛；头状花序多数，排成圆锥状的伞房花序…………………………钻叶紫菀 *A. subulatus*
  2. 叶片两面被微糙毛，或腹面被短糙毛，背面被短柔毛，常有腺点。
    4. 茎下部的叶片匙状长圆形或宽卵圆形，非心形。
      5. 叶片背面密被短柔毛，有明显较密的腺点；叶片卵形或卵状披针形，边缘有6~9对浅齿，腹面平坦或有时呈泡状；总苞片有毛及缘毛，先端绿色…微糙三脉紫菀 *A. ageratoides* var. *scaberulus*
      5. 叶片背面疏被毛或除沿脉外无毛，稍有疏腺点。
      6. 总苞片宽1~2 mm，先端较钝，带紫褐色，有密短缘毛，或较尖而有短缘毛，边缘有齿蚀状细齿…………………………………………………………………三脉紫菀 *A. ageratoides*
      6. 总苞片宽1 mm，先端稍尖，绿色，边缘无毛或有短缘毛，全缘或有时具齿………………
        ……………………………………宽伞三脉紫菀 *A. ageratoides* var. *laticorymbus*
    4. 茎下部的叶片心形。
      7. 茎中部以上的叶常有楔形具宽翅的柄；总苞片不等长；瘦果无毛……………东风菜 *A. scaber*
      7. 茎中部以上的叶常有不具翅的柄；总苞片近等长；瘦果有毛……………………………
        ………………………………………………………短冠东风菜 *A. marchandii*

三脉紫菀 山白菊、三脉叶马兰、鸡儿肠
Aster ageratoides Turcz.

多年生草本。根状茎粗壮；茎直立，纤细或粗壮，被柔毛或粗毛，上部有开展的分枝。茎下部的叶在花期枯萎；茎基部的叶片宽卵形，基部急狭成柄；茎中部的叶片椭圆形或长圆状披针形，先端渐尖，基部楔形，边缘有3~7对浅齿或深齿；茎上部的叶片渐小，边缘有浅齿或全缘；全部叶片纸质，两面被短茸毛且背面沿脉有粗毛。花果期7~12月。

生于山坡、路旁；常见。 带根全草入药，具有清热解毒、止咳化痰、利尿止血的功效。

宽伞三脉紫菀

Aster ageratoides var. *laticorymbus* (Vaniot) Hand.- Mazz.

　　茎多分枝。茎中部的叶片长圆状披针形或卵圆状披针形，基部渐狭，边缘具7~9对齿，背面常脱毛；枝上的叶片小，卵圆形或披针形，边缘全缘或有齿。总苞片较狭小，先端绿色，边缘无毛或有短缘毛；舌状花白色。花果期8~12月。

　　生于沟谷、路旁灌丛中；常见。　全草入药，具有清热解毒、利尿、止血的功效。

菊科 Asteraceae

微糙三脉紫菀 鸡儿肠、野粉团儿、山白菊

Aster ageratoides var. *scaberulus* (Miq.) Y. Ling

　　叶片通常卵圆形或卵圆状披针形，下部渐狭或急狭成具狭翅或无翅的短柄，质较厚，边缘具6~9对浅齿，腹面密被微糙毛，背面密被短柔毛，有明显的腺点，且沿脉常有长柔毛，或背面后期脱毛。总苞较大；总苞片先端绿色；舌状花白色或带红色。花果期8~12月。

　　生于山坡、路旁；少见。　全草入药，具有清热解毒、祛痰止咳、疏风的功效，可用于感冒发热、头痛、蛇咬伤等。

马兰 马兰头、田边菊、路边菊
Aster indicus L.

　　多年生直立草本。有时具直根，根状茎有匍匐枝。基生叶在花期枯萎；茎生叶叶片倒披针形或倒卵状矩圆形，疏生到密被微柔毛或无毛，有时疏生腺体，基部渐狭，边缘有齿或羽状浅裂；上部叶无梗，小，边缘全缘和具糙硬毛。头状花序单生于枝端并排成疏伞房状；总苞半球状；舌状花1层，15~20朵，舌片浅紫色，密被短毛。瘦果倒卵状矩圆形，极扁。花期5~9月，果期8~10月。

　　生于山顶或山坡林缘、路旁；常见。　根或全草入药，具有清热解毒、散瘀止血、消积的功效；亦可切花插瓶。

菊科 Asteraceae

短冠东风菜　独脚莲、白花共

Aster marchandii H. Lév.

　　多年生草本。茎高0.6~1.3 m。茎下部的叶片心形，先端尖或近圆形，基部急狭；茎中部以上的叶片常有不具翅的柄；全部叶片质厚，上面有疏糙毛，下面仅沿脉有短毛；离基3或5出脉。头状花序直径2.5~4 cm，排成疏散的圆锥状伞房花序；总苞宽钟状，总苞片3层，近等长，草质，仅内层边缘狭膜质。瘦果被糙毛；冠毛少数，不等长且短于管状花花冠筒部的毛。花期8~9月，果期9~10月。

　　生于路旁、水边、田间；常见。　全草入药，可用于小儿疳积、跌打损伤。

琴叶紫菀 福氏紫菀、岗边菊
Aster panduratus Nees ex Walpers

　　多年生草本。根状茎粗壮；茎直立，高达1 m，单生或丛生，纤细或粗壮，被开展的长粗毛，常有腺，上部有分枝，有较密生的叶。茎下部的叶片在花期枯萎；叶片及外层总苞片均为草质，密被短毛及腺；先端钝或稍尖。头状花序在枝端单生或疏散伞房状排列；总苞半球形；舌状花约30个，舌片浅紫色；冠毛白色或稍红色。瘦果卵状长圆形，两面有肋，被柔毛。花期2~9月，果期6~10月。

　　生于山顶林缘、草丛；少见。　　全草入药，具有温肺止咳、散寒止痛的功效。

东风菜 山田七、草田七

Aster scaber Thunb.

多年生草本。茎直立，高1~1.5 m。茎下部的叶片心形，先端尖，基部急狭下延成翅状柄，边缘具有小尖头的齿；茎中部以上的叶片常有楔形具宽翅的柄；全部叶片两面密被微糙毛。头状花序直径18~24 mm，圆锥伞房状排列；总苞片3层，不等长，疏松覆瓦状排列，背部狭草质，边缘宽膜质。冠毛多数，不等长且与管状花花冠筒部的毛等长。花期6~10月，果期8~10月。

生于山坡灌丛中、草地上；少见。 全草或根入药，具有清热解毒、祛风止痛的功效；其头状花多而密集，管状花黄色，舌状花白色，可观赏。

鬼针草属 *Bidens* L.

本属约有250种，分布于热带地区，主要分布于美洲。我国有10种；广西有6种；姑婆山有5种。

分种检索表

1. 瘦果较宽，楔形或倒卵状楔形，顶端截形·······················**狼杷草** *B. tripartita*
1. 瘦果条形，顶端渐狭。
　2. 舌状花黄色，叶片通常为二回至三回羽状分裂。
　　3. 顶生裂片卵形，先端短渐尖，边缘具稍密且近均匀的齿·················**金盏银盘** *B. biternata*
　　3. 顶生裂片狭窄，先端渐尖，边缘具稀疏不规整的粗齿··················**婆婆针** *B. bipinnata*
　2. 舌状花白色或无舌状花。
　　4. 舌状花白色···**白花鬼针草** *B. alba*
　　4. 无舌状花···**鬼针草** *B. pilosa*

白花鬼针草

Bidens alba (L.) DC.

　　一年生草本。茎钝四棱柱形，无毛或上部被极稀疏的柔毛。茎下部的叶片3裂或不分裂，通常在开花前枯萎；茎中部的叶片具长1.5~5 cm的无翅柄，三出复叶，很少为具5 (~7) 小叶的羽状复叶，两侧小叶边缘有齿，顶生小叶具长1~2 cm的柄，边缘有齿，无毛或被极稀疏的短柔毛；茎上部的叶片小，3裂或不分裂，条状披针形。头状花序具舌状花5~7朵；舌片白色；总苞基部被短柔毛。瘦果条形，顶端芒刺3~4枚，具倒刺毛。花期全年。

　　生于路旁灌草丛；常见。　外来入侵种；全草入药，具有清热解毒、利湿退黄的功效。

菊科 Asteraceae

婆婆针

Bidens bipinnata L.

　　一年生草本。茎下部略具4条棱，无毛或上部被稀疏柔毛。叶对生；叶片二回羽状分裂，第一次分裂深达中肋，裂片再次羽状分裂，小裂片三角形或菱状披针形，具1~2对缺刻或深裂，边缘有稀疏不规整的粗齿，两面均被疏柔毛。头状花序直径6~10 mm；总苞杯状，基部有柔毛；舌状花通常1~3朵，不育，舌片黄色，先端全缘或具2~3齿，盘花筒状，黄色。瘦果条形，略扁，具3~4条棱，具瘤状突起及小刚毛，顶端芒刺2~4枚，具倒刺毛。花期8~10月。

　　生于路边荒地、山坡及田间；常见。　全草入药，具有清热解毒、散瘀活血的功效，外用于疮疖、毒蛇咬伤、跌打肿痛。

婆婆针

Bidens bipinnata L.

狼杷草 鬼刺夜叉头

Bidens tripartita L.

　　一年生草本。茎圆柱形或具钝棱而稍呈四棱柱形，无毛。叶对生；茎下部的叶片不分裂，边缘具齿，常于花期枯萎；茎中部的叶片长椭圆状披针形，叶柄具狭翅；茎上部的叶片披针形。头状花序单生茎端及枝端，具较长的花序梗；总苞盘状，外层苞片5~9枚，条形或匙状倒披针形；托片条状披针形，约与瘦果等长；无舌状花，全为筒状两性花。瘦果扁，楔形或倒卵状楔形，边缘有倒刺毛，顶端芒刺通常2枚，两侧有倒刺毛。花期7~10月。

　　生于路旁、山坡林缘；少见。　全草入药，具有清热解毒、养阴敛汗、透汗发表、利尿的功效。

菊科 Asteraceae

艾纳香属 *Blumea* DC.

本属约有 50 种，分布于亚洲、非洲和大洋洲的热带和亚热带地区。我国有 30 种；广西有 18 种；姑婆山有 3 种。

分种检索表

1. 攀缘藤本···东风草 *B. megacephala*
1. 直立草本或亚灌木。
  2. 叶片基部常有1~5对线形或长圆形的叶状附属物·····················艾纳香 *B. balsamifera*
  2. 叶片基部无叶状附属物·······································台北艾纳香 *B. formosana*

艾纳香 大风艾、冰片艾
Blumea balsamifera (L.) DC.

多年生草本或亚灌木。茎粗壮，直立；茎皮灰褐色，有纵条棱；木质部松软，白色。茎下部的叶片宽椭圆形或长圆状披针形，边缘有细齿，腹面被柔毛，背面被淡褐色或黄白色密绢状绵毛；茎上部的叶片长圆状披针形或卵状披针形，边缘全缘、具细齿或羽状齿裂。头状花序多数，排成开展具叶的大圆锥花序；花序梗被黄褐色密柔毛；花黄色，花冠细管状。瘦果圆柱形，具5条棱，被密柔毛；冠毛红褐色，糙毛状。花期几乎全年。

生于山坡、路旁；常见。　全草入药，具有祛风消肿、活血调经的功效。

东风草 九里明、中华艾纳、大头艾纳香
Blumea megacephala (Randeria) C. C. Chang et Y. Q. Tseng

攀缘状草质藤本。茎或基部木质。茎下部和中部的叶片卵形、卵状长圆形或长椭圆形，边缘有疏细齿或点状齿；茎上部的叶片较小，边缘有细齿。头状花序通常1~7个在腋生枝顶排成总状或近伞房状，再排成具叶的圆锥花序；花黄色，雌花多数，细管状；两性花花冠筒状，被白色多细胞节毛。瘦果圆柱形，具10条棱，冠毛白色。花期8~12月。

生于沟谷、路旁灌丛中；常见。全草入药，具有清热明目、祛风止痒、解毒消肿的功效。

菊科 Asteraceae

天名精属 *Carpesium* L.

本属约有20种，大部分分布于亚洲中部，特别是我国西南山区。我国有16种；广西有6种；姑婆山有2种。

分种检索表

1. 头状花序无梗或具短梗，花冠无毛·······················天名精 *C. abrotanoides*
1. 头状花序具明显的花序梗，花冠被极稀疏的柔毛·······················金挖耳 *C. divaricatum*

天名精 鹤虱、地菘

Carpesium abrotanoides L.

多年生粗壮草本。茎直立，上部多分枝，下部木质，密生短柔毛，有明显的纵条纹。基生叶于开花前凋萎；茎下部的叶片广椭圆形或长椭圆形，边缘齿端有腺体状胼胝体。头状花序多数，生于茎端及沿茎、枝生于叶腋。瘦果顶端有短喙，无冠毛。花期8~10月，果期10~12月。

生于山坡水旁、路旁、疏林或密林下；常见。 果入药，具有消肿杀虫的功效；全草、根及茎叶入药，具有祛痰、清热、破血、止血、解毒、杀虫的功效；植株水浸液可作农药杀青虫、地老虎等。

石胡荽属 *Centipeda* Lour.

本属有10种，分布于亚洲、大洋洲、南美洲及马达加斯加。我国仅有1种；姑婆山亦有。

石胡荽 鹅不食草、球子草、地胡椒
Centipeda minima (L.) A. Braun et Asch.

一年生草本。茎匍匐或披散，基部多分枝，微被蛛丝状毛或无毛。叶互生；叶片楔状倒披针形，先端钝，基部楔形，边缘有少数齿，两面均无毛或背面微被蛛丝状毛。头状花序单生于叶腋内，扁球形；边缘花雌性，多层；盘花两性，淡紫红色。瘦果椭球形。花果期4~11月。

生于路旁草地；常见。 全草入药，具有祛风、散寒、通络、消肿止痛、渗湿、去翳、通鼻的功效。

菊科 Asteraceae

香泽兰属 *Chromolaena* DC.

本属约有165种，分布于热带和亚热带地区。我国有1种；姑婆山亦有。

飞机草

Chromolaena odorata (L.) R. M. King & H. Rob.

多年生草本。全部茎枝被稠密黄色茸毛或短柔毛。叶对生；叶片基部平截或浅心形或宽楔形，边缘有稀疏的粗大而不规则的圆齿或全缘，或仅一侧有齿或每侧各有一个粗大的圆齿或三浅裂状；两面粗糙，被长柔毛及红棕色腺点，背面及沿脉的毛和腺点稠密；基出脉3条。头状花序多数或少数在茎顶或枝端排成伞房状或复伞房状花序；花白色或粉红色。瘦果黑褐色，具5条棱，无腺点，沿棱有稀疏的白色贴紧的顺向短柔毛。花果期4~12月。

生于路旁次生灌草丛；少见。 外来入侵种；全草入药，具有散瘀消肿、截疟、止血、杀虫的功效。

菊属 *Chrysanthemum* L.

本属有37种，分布于北温带地区。我国约有22种；广西有2种；姑婆山2种均产，其中1种为栽培种。

野菊 黄菊仔、野黄菊、油菊
Chrysanthemum indicum L.

多年生草本。植株具或长或短的根状茎；茎直立或铺散，分枝或仅在茎顶有伞房状花序分枝。基生叶和茎下部的叶在花期脱落；茎中部的叶片卵形、长卵形或椭圆状卵形，羽状半裂、浅裂或分裂不明显而边缘有浅齿。头状花序常在枝顶排成伞房状圆锥花序；全部苞片的边缘白色或褐色宽膜质；舌状花黄色。瘦果长1.5~1.8 mm。花期6~11月。

生于山坡灌草丛或林缘路旁；少见。 花、叶入药，具有消炎、杀菌的功效；可提取芳香油或制成浸膏和香精；亦可作蜜源和观赏植物。

菊科 Asteraceae

藤菊属 *Cissampelopsis* (DC.) Miq.

本属约有10种，分布于非洲热带地区和亚洲。我国有6种；广西有2种；姑婆山有1种。

藤菊 滇南千里光

Cissampelopsis volubilis (Blume) Miq.

藤状草本或亚灌木。茎疏被白色蛛丝状茸毛。叶片卵形或宽卵形，先端具小尖头，边缘具波状齿，齿端具小尖头，背面被灰白色绵毛。头状花序盘状，排成较疏至密顶生及腋生的复伞房花序，被白色茸毛；花序梗被蛛丝状茸毛，具线形的基生苞片及3~5枚小苞片；总苞圆柱形，具4~5枚外苞片；总苞片约8枚，线状长圆形，边缘膜质；无舌状花；管状花8~10朵，花冠白色、淡黄色或粉色，檐部狭漏斗状，裂片长圆状披针形。瘦果圆柱形，冠毛白色。花期10月至翌年1月。

生于山坡、疏林中；少见。 茎入药，具有舒筋活络、祛风除湿的功效，可用于风湿痹痛、肌腱挛缩、小儿麻痹后遗症。

野茼蒿属 *Crassocephalum* Moench

本属约有21种，主要分布于非洲热带地区。我国有2种；广西有1种；姑婆山亦有。

野茼蒿 革命菜
Crassocephalum crepidioides (Benth.) S. Moore

直立草本。茎有纵条棱。叶片椭圆形或长圆状椭圆形，边缘有不规则齿或重齿，有时基部羽状分裂。头状花序数个在茎端排成伞房状；总苞钟状，有数枚不等长的线形小苞片；小花管状，花冠红褐色或橙红色。瘦果狭圆柱形，赤红色；冠毛白色，易脱落。花期7~12月。

生于山坡、路旁、灌丛中、贫瘠土地上；常见。　外来入侵种；全草入药，具有健脾、消肿的功效，可用于消化不良、脾虚浮肿等；嫩叶是一种味美的野菜。

菊科 Asteraceae

鱼眼草属 *Dichrocephala* L'Her. ex DC.

本属有4种，分布于非洲、亚洲热带地区。我国有3种；广西有2种；姑婆山有1种。

鱼眼草 夜明草、茯苓菜、山胡椒菊
Dichrocephala integrifolia (L. f.) Kuntze

一年生草本。茎通常粗壮，不分枝或分枝自基部而铺散，茎枝被白色长或短茸毛。叶片卵形、椭圆形或披针形。头状花序小，球形，多数在枝端或茎顶排成伞房状花序或伞房状圆锥花序；外围雌花多层，紫色；中央两性花黄绿色。瘦果压扁。花果期全年。

生于山坡、路旁；常见。　全草入药，具有消炎止泻的功效。

鳢肠属 *Eclipta* L.

本属约有5种，主要分布于南美洲和大洋洲。我国有1种；姑婆山亦有。

鳢肠 旱莲草、墨菜

Eclipta prostrata (L.) L.

一年生草本。茎直立、斜升或平卧，通常自基部分枝，被贴生糙毛。叶片长圆状披针形或披针形，边缘有细齿或有时仅波状，两面被密硬糙毛；无柄或有极短的柄。头状花序具细长梗；花白色，中央为管状花，外层两列为舌状花。果序形如莲蓬；瘦果暗褐色，雌花的瘦果三棱柱形，两性花的瘦果扁四棱柱形。花期6~9月。

生于山坡、路旁；常见。 外来入侵种；全草入药，具有凉血、消肿止血及强体的功效。

地胆草属 *Elephantopus* L.

本属约有30种，分布于热带地区。我国有2种；广西2种均产；姑婆山有1种。

地胆草 苦地胆、地胆头、磨地胆
Elephantopus scaber L.

　　直立草本。根状茎平卧或斜升，具多数纤维状根；茎直立，密被白色贴生长硬毛。基生叶排成莲座状，叶片匙形或倒披针状匙形；茎生叶少数而小。头状花序簇生于枝顶，基部被3枚叶状苞片所包围；花淡紫色或粉红色。瘦果长圆状线形，冠毛污白色，基部宽扁。花期7~11月。

　　生于山坡、路旁；常见。　　全草入药，具有清热解毒、消肿利尿的功效，可用于感冒、菌痢、胃肠炎、扁桃体炎、咽喉炎、肾炎水肿、结膜炎、疖肿等。

一点红属 *Emilia* (Cass.) Cass.

本属约有100种，分布于亚洲及非洲热带地区，少数产于美洲。我国有5种；广西有2种；姑婆山有1种。

一点红 叶下红、红头草、红背果
Emilia sonchifolia (L.) DC.

一年生草本。根垂直。茎直立或斜升。叶质较厚；茎下部的叶密集，大头羽状分裂；茎中部的叶疏生，较小；茎上部的叶少数，线形。头状花序顶生，在枝端排成疏伞房状；小花粉红色或紫色。瘦果圆柱形，具棱，棱间被微毛；冠毛丰富，白色，细软。花果期7~10月。

生于山坡、路旁；常见。 全草入药，具有清热解毒、散瘀消肿、消炎利尿、凉血的功效。

球菊属 *Epaltes* Cass.

　　本属约有14种，分布于非洲、美洲、亚洲东南部及澳大利亚。我国有2种；广西2种均产；姑婆山有1种。

球菊

Epaltes australis Less.

　　草本。茎枝铺散或匍匐状，有细沟纹。叶片倒卵形或倒卵状长圆形，基部长渐狭，先端钝；无柄或有短柄。头状花序多数，扁球形，有短花序梗或无；总苞半球状；总苞片4层，外层卵圆形，内层倒卵形至倒卵状长圆形；花托稍凸；雌花多，檐部3齿裂，有疏腺点；两性花冠圆筒形，檐部4裂，裂片三角形，有腺点；雄蕊4枚。瘦果近圆柱形，有10条棱，无冠毛。花期3~6月和9~11月。

　　生于旷野沙地上；少见。　全草入药，具有通鼻窍、止咳的功效，可用于风寒感冒、疟疾、百日咳、小儿疳积、跌打损伤、赤眼肿痛，外用于鼻炎。

飞蓬属 *Erigeron* L.

本属约有400种，主要分布于欧洲、亚洲和北美洲，少数分布于非洲和大洋洲。我国有39种；广西有5种；姑婆山有3种。

分种检索表

1. 头状花序直径10~15 mm·······························一年蓬 *E. annuus*
1. 头状花序直径不超过10 mm。
　2. 头状花序直径3~4 mm·························小蓬草 *E. canadensis*
　2. 头状花序直径8~10 mm·······················香丝草 *E. bonariensis*

一年蓬

Erigeron annuus (L.) Pers.

一年生或二年生直立草本。茎高30~150 cm。基生叶在花期枯萎，叶片基部狭成具翅的长柄，边缘具粗齿；茎下部的叶与基生叶同形；茎中部和上部的叶较小，边缘有不规则的齿或近全缘；茎最上部的叶线形；全部叶片的边缘均被短硬毛，两面疏被短硬毛。头状花序排成疏圆锥花序；总苞半球状；总苞片3层，背面密被腺毛、疏被长节毛；外围雌花2层，舌片线形，白色或淡天蓝色，先端具2枚小齿；中央两性花黄色。瘦果披针形，压扁状，疏被贴伏毛。花期6~9月。

生于路边旷野或山坡荒地；常见。外来入侵种；根、全草入药，具有清热解毒、助消化、抗疟的功效。

小蓬草

Erigeron canadensis L.

　　一年生草本。茎有条纹，疏被长硬毛，上部多分枝。叶密集，基生叶在花期常枯萎；茎下部的叶片倒披针形，基部渐狭成柄，边缘具疏齿或全缘；茎中部和上部的叶片较小，线状披针形或线形，边缘全缘或少有具1~2个齿，两面或仅腹面疏被短毛，边缘常被上弯的硬缘毛，近无柄或无柄。头状花序小，排成顶生多分枝的大圆锥花序；雌花多数，舌状，白色；两性花淡黄色，花冠筒状。瘦果线状披针形，被贴微毛；冠毛污白色，1层，糙毛状。花期5~9月。

　　生于旷野、荒地、田边和路旁；常见。　外来入侵种；根、全草入药，具有清热解毒、助消化、抗疟的功效，外用于齿龈炎、蛇咬伤。

泽兰属 *Eupatorium* L.

本属约有 45 种，分布于亚洲、欧洲、北美洲。我国有 14 种；广西有 7 种；姑婆山有 3 种。

分种检索表

1. 叶片具三出脉或近三出脉···林泽兰 *E. lindleyanum*
1. 叶片具羽状脉。
  2. 叶片阔卵形至卵形，基部圆形；叶柄极短或无·······················多须公 *E. chinense*
  2. 叶片披针形，基部楔形；叶柄长 1~2 cm·······························白头婆 *E. japonicum*

多须公 兰草、华泽兰

Eupatorium chinense L.

多年生草本或亚灌木。植株高达 1.5 m。茎多分枝。叶对生；茎上部的叶互生，无柄或近无柄；茎中部的叶片卵形或宽卵形，基部圆形，边缘具圆齿或粗齿，两面被毛及黄色腺点；茎上部和下部的叶片较小。头状花序在茎枝顶端排成疏松的复伞房花序，有 5 朵小花；总苞钟状；总苞片 3 层，外层较短，中层和内层较长；花白色、粉红色或红色。瘦果黑褐色，具 5 条棱。花果期 8~12 月。

生于沟边、路旁；常见。 根入药，具有清热解毒、利咽化痰的功效；叶入药，具有消肿止痛的功效；地上部分入药，具有发表祛湿、和中化浊的功效。

菊科 Asteraceae

白头婆

Eupatorium japonicum Thunb.

多年生草本。植株高达1.5 m。茎通常不分枝，茎枝被短柔毛。叶对生；茎中部的叶片披针形至卵状披针形，边缘有粗齿，背面有腺点。头状花序在茎枝顶端排成紧密的伞房花序；含5朵小花；总苞钟状；总苞片外层短，中层和内层渐长，先端钝或圆；花白色或淡红色。瘦果淡黑褐色，具5条棱，冠毛白色。花果期6~11月。

生于路旁及山坡、沟谷林中；常见。 根、全草入药，具有发表散寒、透疹的功效；地上部分入药，具有芳香化湿、醒脾开胃、发表解暑的功效。

林泽兰 泽兰、毛泽兰、大麻叶泽兰
Eupatorium lindleyanum DC.

多年生草本。植株高30~150 cm。根状茎短，有多数细根；茎直立，下部及中部红色或淡紫红色，全部茎枝被稠密的白色长或短柔毛。叶片线状披针形，边缘有疏齿裂，两面粗糙；几乎无柄。头状花序排成聚伞花序状；花白色、粉红色或淡紫红色。瘦果黑褐色。花果期5~12月。

生于路旁灌丛；常见。 根入药，具有祛痰定喘、降血压的功效；地上部分入药，具有化痰、止咳、平喘的功效。

菊科 Asteraceae

牛膝菊属 *Galinsoga* Ruiz & Pav.

本属约有15种，主要分布于美洲。我国有2种；广西2种均产；姑婆山有1种。

牛膝菊

Galinsoga parviflora Cav.

一年生草本。茎不分枝或自基部分枝。叶对生；叶片卵形或长椭圆状卵形，两面粗糙；基出脉3条。头状花序有长花序梗，多数在茎枝顶端排成疏松的伞房花序；总苞半球状或宽钟状；总苞片1~2层，约5枚，先端圆钝，白色，膜质；舌状花4~5朵，舌片白色，先端3齿裂；管状花花冠黄色，下部被稠密的白色短柔毛。瘦果黑色或黑褐色，具3条棱或果序中央的瘦果具4~5条棱，压扁状，被白色微毛；冠毛膜片状，边缘流苏状，白色。花果期7~10月。

生于路旁、山坡草地；常见。 外来入侵种；全草入药，具有消炎、消肿、止血的功效；花序入药，具有清肝明目的功效。

鼠麴草属 *Gnaphalium* L.

本属约有80种，广泛分布于全世界。我国有6种；广西6种均产；姑婆山有5种。

分种检索表

1. 头状花序排成伞房花序；总苞片金黄色、柠檬黄色、淡黄色或亮褐色。
　2. 粗壮草本，高达1 m；叶片具三出脉；总苞片淡白色且带不显著的淡黄色，稀亮褐色……………
　…………………………………………………………………………………………宽叶鼠麴草 *G. adnatum*
　2. 稍细弱的草本，高0.1~0.7 m；叶片具单条脉；总苞片金黄色或柠檬黄色。
　　3. 叶片匙形或匙状倒披针形；冠毛基部连合成2束………………………………鼠麴草 *G. affine*
　　3. 叶片线形；冠毛基部分离………………………………………………秋鼠麴草 *G. hypoleucum*
1. 头状花序密集成球状、团伞花序状或密集成具叶的穗状花序；总苞片禾秆色、棕褐色或红褐色。
　4. 头状花序密集成复头状，其下有等大或近等大而呈辐射状排列的叶；总苞片红褐色……………
　………………………………………………………………………………细叶鼠麴草 *G. japonicum*
　4. 头状花序排成具叶的单一或多头的穗状花序，其下无呈辐射状排列的叶；总苞片禾秆色、污黄色
　或棕褐色………………………………………………………………匙叶鼠麴草 *G. pensylvanicum*

鼠麴草　贴生鼠麴草

Gnaphalium affine D. Don

　　一年生草本。茎直立或基部发出的枝下部斜升，上部不分枝，有沟纹，被白色厚绵毛。叶片匙状倒披针形或倒卵状匙形；无柄。头状花序在枝顶密集成伞房花序；花黄色至淡黄色。瘦果倒卵形或倒卵状圆柱形，有乳头状突起；冠毛粗糙，污白色，易脱落。花期1~4月和8~11月。

　　生于路旁草地；常见。　全草入药，具有化痰、止咳和祛风寒的功效。

菊科 Asteraceae

细叶鼠麹草　天青地白、神仙眼镜草
Gnaphalium japonicum Thunb.

　　一年生小草本。茎直立，被白色绵毛，有时自基部发出数条匍匐小枝。基生叶排成莲座状，叶片线状倒披针形，腹面绿色，稍被白色绵毛，背面被白色厚绵毛；茎生叶线形或线状长圆形。头状花序少数，在枝端密集排成球状，其下被呈辐射状排列的小叶所围绕；苞片带红褐色或暗棕色。花期4~6月。

　　生于山坡、路旁草地或耕地上；常见。　　全草入药，具有解表、清热解毒、利湿消肿、明目、利尿的功效。

匙叶鼠麹草

Gnaphalium pensylvanicum Willd.

    一年生草本。全株被白色绵毛。茎下部的叶片倒披针形或匙形，先端钝或圆，具小尖头，基部渐狭；茎中部的叶片形状与基生叶相仿；茎上部的叶片小，与茎中部的叶片同形。头状花序多数，排成紧密的穗状花序；总苞片禾秆色或污黄色。瘦果长圆形，有乳突；冠毛绢毛状，污白色，易脱落，基部连合成环。花果期11月至翌年5月。

    生于沟谷、路旁；常见。   全草入药，有清热解毒、宣肺平喘的功效，可用于感冒、风湿关节痛。

菊科 Asteraceae

菊三七属 *Gynura* Cass.

本属约有40种，分布于亚洲、非洲及澳大利亚。我国有10种；广西有6种；姑婆山有1种。

红凤菜 两色三七草、白背三七、红背草
Gynura bicolor (Roxb. ex Willd.) DC.

多年生直立草本。全株无毛。茎上部有伞房状分枝。叶片倒卵形或倒披针形，基部楔状并渐狭成具翅的叶柄，边缘具不规则的齿，背面常带紫色；侧脉7~9对。头状花序在茎枝顶端排成疏伞房状；总苞狭钟状；总苞片2层，外层的小，少数，线形，内层的长，线形，先端三角形；管状花橙黄色至红色，花冠明显伸出总苞，檐部5裂，裂片卵状三角形；花药基部圆形；花柱分支钻形，被乳头状毛。瘦果圆柱形，具10~15条纵棱；冠毛绢毛状，白色。花果期5~10月。

生于路旁、山坡疏林中；常见。　全草入药，具有消肿止痛的功效。

羊耳菊属 *Duhaldea* DC.

本属约有15种，分布于亚洲东部、东南部和中部。我国有7种；广西有1种；姑婆山亦有。

羊耳菊 大力王、猪耳风、白牛胆

Duhaldea cappa (Buch.-Ham. ex D. Don) Pruski & Anderb.

亚灌木。全株密被污白色或浅褐色茸毛。叶片长圆形或长圆状披针形，边缘有小尖头状细齿或浅齿，网脉明显；茎上部的叶片渐小，近无柄。头状花序倒卵球形，多数密集于茎枝顶端排成聚伞圆锥花序，被绢状密茸毛，花黄色。瘦果长圆柱形，被白色长绢毛。花期6~10月，果期8~12月。

生于山坡或山顶林缘、路旁；常见。 全草或根入药，具有散寒解表、祛风消肿、行气止痛的功效。

菊科 Asteraceae

苦荬菜属 *Ixeris* (Cass.) Cass.

本属约有8种，分布于亚洲东部和南部。我国有6种；广西有2种；姑婆山有1种。

苦荬菜 多头苦荬菜

Ixeris polycephala Cass.

一年生或二年生直立草本。茎自基部分枝。基生叶线状披针形，边缘全缘，稀羽状分裂；茎生叶椭圆状披针形或披针形，基部箭形，抱茎。头状花序在茎上端排成伞状或伞房状的聚伞花序；总苞筒形；总苞片2~3层；舌状花10~25朵，舌片黄色，稀白色。瘦果纺锤形，稍压扁状，黄棕色，纵棱边缘呈翅状，顶端具细丝状喙；冠毛白色，稍不等长。花果期2~10月。

生于山坡、路旁；常见。 全草入药，具有清热解毒、止血、利湿、消炎等功效。

橐吾属 *Ligularia* Cass.

本属约有140种,分布于欧洲、喜马拉雅地区至日本。我国约有123种;广西有6种;姑婆山有2种。

分种检索表

1. 基生叶的叶片二回掌状分裂···**大头橐吾** *L. japonica*

1. 基生叶的叶片肾形或心形，不分裂··**狭苞橐吾** *L. intermedia*

狭苞橐吾

Ligularia intermedia Nakai

多年生直立草本。根肉质。茎上部被白色蛛丝状柔毛，下部无毛。基生叶与茎下部的叶同形，较大叶片肾形或心形，基部弯缺宽，先端钝或具小尖头，边缘具整齐的齿，叶柄基部具狭鞘；茎中上部的叶片与茎下部的叶片同形，较小，鞘略膨大。头状花序在茎顶端排成总状花序；苞片线形或线状披针形；小苞片线形；总苞片6~8枚，长圆形，先端三角形，背面无毛，边缘膜质；舌状花4~6朵，黄色，舌片长圆形；管状花7~12朵，伸出总苞外。瘦果圆柱形；冠毛紫褐色或白色，比花冠筒部短。花果期7~10月。

生于山坡、路旁；常见。 根入药，具有润肺、化痰、止咳的功效。

菊科 Asteraceae

大头橐吾 猴巴掌、老鸦甲
Ligularia japonica (Thunb.) Less.

多年生直立草本。茎上部被白色蛛丝状柔毛或无毛。基生叶与茎下部叶同肾形或近心形，二回掌状分裂，小裂片羽状或具齿，稀全缘，叶柄具紫斑，基部鞘状抱茎；茎最上部的叶片掌状分裂，叶柄基部无鞘。头状花序辐射状，排成伞房状花序，通常无苞片或有小苞片；花序梗被卷曲的白色柔毛；总苞片9~12枚，2层，背面被白色柔毛；舌状花黄色，舌片长圆形；管状花多数。瘦果细圆柱形，具纵棱；冠毛红褐色，与花冠筒部等长。花果期4~9月。

生于山坡、路旁；少见。 全草或根入药，具有舒筋活血、解毒消肿的功效。

紫菊属 *Notoseris* C. Shih

本属约有11种，分布于秦岭以南和喜马拉雅地区。我国有10种；广西有3种；姑婆山有2种。

分种检索表

1. 茎下部的叶片大头羽状浅裂、羽状深裂或全裂；叶柄具翼·················**黑花紫菊** *N. melanantha*

1. 茎中下部的叶片不分裂；叶柄无翼···**紫菊** *N. macilenta*

黑花紫菊 多裂紫菊、川滇盘果菊
Notoseris melanantha (Franch.) C.Shih

多年生直立草本。茎单生。茎中下部的叶片大头羽状浅裂、羽状深裂或全裂，顶裂片三角状戟形、椭圆形或不规则菱形，侧裂片2~3对，边缘有不等大的齿或羽状分裂；茎上部的叶与中下部的叶同形，但渐小；花序分枝上的叶片线形，边缘齿具小尖头。头状花序在茎枝顶端排成圆锥状花序；总苞圆柱状；总苞片3层，外层和中层的小，全部苞片无毛，紫红色；舌状花5朵，红色或紫红色。瘦果紫红色，倒披针形，压扁状，顶端平截，无喙，每面有7条纵棱；冠毛细齿状，2层，白色。花果期7~12月。

生于山坡路旁；常见。

菊科 Asteraceae

紫菊　光苞紫菊

Notoseris macilenta (Vaniot & H. Lév.) N. Kilian

多年生直立草本。茎单生。基生叶和茎中下部的叶片卵形、心形、箭状心形或卵状心形；茎上部的叶片与中下部的叶片同形或箭状三角形；花序下部的叶片长椭圆形，基部楔形。头状花序在茎枝顶端排成圆锥花序；总苞圆柱状；总苞片3层，外层和中层的小，卵形或卵状披针形，内层的线状披针形，全部总苞片紫红色；舌状花5朵，紫红色。瘦果披针形，压扁状。花果期9~11月。

生于山坡路旁；常见。

黄瓜菜属 *Paraixeris* Nakai

本属有8~10种，分布于亚洲东部和东南部。我国有6种；广西有3种；姑婆山仅有1种。

黄瓜菜

Paraixeris denticulata (Houtt.) Nakai

一年生或二年生直立草本。基生叶和茎下部的叶在花期枯萎脱落；茎中下部的叶片卵形、琴状卵形、椭圆形、长椭圆形或披针形，基部耳状抱茎；茎上部的叶与中下部的叶同形，渐小。头状花序多数，在茎枝顶端排成圆锥状花序；舌状花黄色。瘦果长椭球形，压扁，黑色或黑褐色，有10~11条高起的钝棱，上部沿棱有小刺毛，向上渐尖成粗喙。花果期5~11月。

生于山坡、路旁、沟谷；常见。　全草入药，具有清热解毒、消痈散结、祛瘀消肿、止痛、止血、止带的功效。

菊科 Asteraceae

阔苞菊属 *Pluchea* Cass.

本属约有80种，分布于美洲、非洲、亚洲、澳大利亚的热带和亚热带地区。我国有5种；广西有4种；姑婆山有1种。

翼茎阔苞菊

Pluchea sagittalis (Lam.) Cabrera

多年生直立草本。具芳香气味。茎高1~1.5 m，多分枝，密被茸毛，具明显的翼翅。茎中部的叶片披针形或阔披针形，两面疏被茸毛和黏性腺体，边缘具齿；无柄。头状花序排成顶生或腋生的伞形花序；总苞半球状；总苞片4~5层；边缘小花雌性，花冠白色，檐部3裂；中央两性花50~60朵，花冠白色，顶部略带紫色，基部疏被腺毛。瘦果圆柱形，具5条棱，被黏性腺体；冠毛白色，稍长于花冠。花果期3~10月。

生于山坡林缘、路旁；少见。

假臭草属 *Praxelis* Cass.

本属有 16 种，分布于南美洲，其中 1 种分布于亚洲东部及澳大利亚。我国有 1 种；姑婆山亦有。

假臭草

Praxelis clematidea (Hieronymus ex Kuntze) R. M. King & H. Rob.

一年生草本或亚灌木。植株高0.5~1.2 m；叶片揉之具强烈的气味；茎、枝、叶片背面初时被白色短柔毛，后渐脱落。叶对生；叶片卵形，边缘具粗齿；三出脉，侧脉1~2对。头状花序在茎枝顶端排成伞房花序状的聚伞花序；头状花序具小花35~40朵；总苞狭钟状；总苞片2~3层；花冠筒淡蓝紫色；花柱基部不肿大，无毛。瘦果黑褐色，具3~5条棱；冠毛白色。花果期全年。

生于山坡、路旁的荒草地；常见。 外来入侵种，具较强的吸肥能力和化感作用，能抑制其他本土植物的生长。

风毛菊属 *Saussurea* DC.

本属约有415种，分布于亚洲、欧洲和北美洲。我国有289种；广西有5种；姑婆山有1种。

三角叶风毛菊

Saussurea deltoidea (DC.) Sch.-Bip.

　　二年生草本。茎直立，有棱，被稠密的毛。全部叶片两面异色，腹面绿色，粗糙，背面灰白色，密被厚或稠密的茸毛。头状花序大，下垂或歪斜，有长花序梗；总苞半球状或宽钟状；小花淡紫红色或白色。瘦果倒圆锥形，黑色，具有齿的小冠。花果期5~11月。

　　生于山坡、沟谷的灌丛、荒地或杂木林中；常见。　根入药，具有健脾消痞、催乳、祛风湿、通经络的功效。

千里光属 *Senecio* L.

本属有1 200种以上，广泛分布于全世界。我国约有65种；广西有5种；姑婆山有1种。

千里光 九里明、蔓黄菀

Senecio scandens Buch.-Ham. ex D. Don

多年生攀缘草本。茎多分枝，被柔毛或无毛，老时变木质。叶片卵状披针形至长三角形，边缘通常具浅或深齿，有时具细裂或羽状浅裂；具柄。头状花序在茎枝顶端排成复聚伞圆锥花序；舌状花多数，花冠黄色。瘦果圆柱形，被柔毛。花期10月至翌年3月。

生于路旁、山坡疏林中；常见。 全草入药，具有清热解毒、凉血消肿、清肝明目、杀虫的功效。

菊科 Asteraceae

豨莶属 *Sigesbeckia* L.

本属约有4种，分布于热带和温带地区。我国有3种；广西有2种；姑婆山有1种。

腺梗豨莶

Sigesbeckia pubescens Makino

一年生草本。茎直立，上部多分枝，被开展的灰白色长柔毛和糙毛。茎基部的叶片卵状披针形；中部的叶片卵圆形或卵形，基部下延成具翼且长1~3 cm的柄，边缘有尖头状规则或不规则的粗齿；全部叶片具基出脉3条，两面均被平伏短柔毛，沿脉有长柔毛。头状花序多数生于枝端，排成松散的圆锥花序；花序梗密生紫褐色具柄腺毛和长柔毛；舌状花花冠筒部长1~1.2 mm；两性管状花长约2.5 mm。瘦果倒卵球形，具4条棱。花期5~8月，果期6~10月。

生于山野、荒草地、灌丛、林缘或疏林下；常见。　全草入药，有祛风除湿、利关节、解毒的功效，可用于风湿痹痛、筋骨无力、腰膝酸软、四肢麻痹、半身不遂、风疹湿疮。

蒲儿根属 *Sinosenecio* B. Nord.

本属有41种，全部分布于中国。广西有4种；姑婆山有1种。

广西蒲儿根

Sinosenecio guangxiensis C. Jeffrey et Y. L. Chen

多年生直立草本。根状茎短粗，颈部密被黄褐色茸毛；茎单生，葶状，不分枝。基生叶排成莲座状，在花期仍生存，叶片近圆形或肾形，基部心形，边缘波状或具粗齿，齿端具小尖头，腹面疏被或密被黄褐色短毛，背面密被白色茸毛，具掌状脉，叶柄密被黄褐色长柔毛；茎生叶2片，最上部叶呈苞片状，线形或线状披针形。头状花序数个排成顶生伞房花序；总苞半球状，具外层小苞片；总苞片红紫色且具缘毛；舌状花的舌片黄色，先端具3齿裂；管状花黄色，檐部钟状，裂片卵状披针形。瘦果圆柱形，具肋，被短柔毛；冠毛白色。花期6~7月。

生于山顶石壁石缝中；少见。　广西特有种；全草入药，可用于风湿关节痛。

菊科 Asteraceae

一枝黄花属 *Solidago* L.

本属约有120种，主要分布于北美洲，少数种分布于亚洲、欧洲和南美洲。我国有6种；广西有2种；姑婆山有1种。

一枝黄花

Solidago decurrens Lour.

多年生草本。茎直立，单生或少数簇生。茎中部的叶片椭圆形、长椭圆形、卵形或宽披针形，基部楔形渐窄，有具翅的柄，仅中部以上边缘有细齿或全缘；茎下部叶与中部的叶同形；全部叶片两面、沿脉及叶缘有短柔毛或背面无毛。头状花序多数在茎上部排成紧密或疏松的长6~25 cm的总状花序或伞房状圆锥花序，少有排成复头状花序；舌状花舌片椭圆形。瘦果无毛，极少有在顶端被稀疏柔毛。花果期4~11月。

生于林缘、林下、灌丛中或山坡草地上；少见。　全草入药，具有疏风解毒、退热行血、消肿止痛的功效；全草含皂苷，家畜误食会中毒，引起麻痹及运动障碍。

苦苣菜属 *Sonchus* L.

本属约有90种，分布于亚洲东部和南部地区。我国有5种；广西有3种；姑婆山有1种。

苣荬菜 南苦苣菜

Sonchus wightianus DC.

一年生草本。全株无毛或花枝被腺毛。茎略粗，具多数纵沟。茎下部的叶片长圆形、椭圆形或倒披针形，先端渐尖，基部渐狭，沿叶柄下延于茎部抱茎呈浅心形，边缘不分裂或分裂，具细齿，分裂的裂片通常呈三角形；茎中部及上部的叶片通常不分裂，基部半抱茎。头状花序在茎上排成聚伞状花序；总苞钟形；苞片小，线形；总苞片与花序梗均密被腺毛；舌状花花瓣黄色。瘦果椭球形，稍压扁状；冠毛多数，白色。花果期1~10月。

生于山坡草地、路旁；常见。　全草入药，具有清热解毒、消炎止痛、消肿化瘀、凉血止血的功效。

菊科 Asteraceae

金纽扣属 *Acmella* Jacq.

本属约有60种，主要分布于美洲热带地区。我国有2种；广西有1种；姑婆山亦有。

金纽扣 天文草、黄花草、过海龙
Spilanthes paniculata Wall. ex DC.

一年生草本。茎多分枝，紫红色，具纵条纹。叶片卵形、宽卵圆形或椭圆形，边缘全缘，波状或具钝齿。头状花序单生或圆锥状排列，卵球形；总苞片绿色；花托锥形，托片膜质，倒卵形；舌状花雌性，舌片宽卵形或近圆形，先端3浅裂；管状花两性，有裂片4~5枚。瘦果长圆形，稍压扁，有白色的软骨质边缘，具缘毛，顶端有疣状腺体及疏微毛。花果期4~11月。

生于山坡林缘、路旁；常见。 全草入药，具有消炎解毒、消肿止痛、祛风除湿、止咳定喘等功效；有小毒。

合耳菊属 *Synotis* (C. B. Clarke) C. Jeffrey & Y. L. Chen

本属约有54种，主要分布于中国。我国有43种；广西有5种；姑婆山有3种。

分种检索表

1. 花序基部具近莲座状叶，叶片背面无白色茸毛；花序顶生……………………褐柄合耳菊 *S. fulvipes*
1. 茎具或多或少等距着生的叶，非近莲座状，叶片背面被白色茸毛；花序顶生兼有腋生。
  2. 头状花序辐射状，具舌状花8朵……………………………………………密花合耳菊 *S. cappa*
  2. 头状花序盘状，通常无舌状花，或稀边缘花具极小的舌片……………锯叶合耳菊 *S. nagensium*

密花合耳菊 密花千里光、白叶火草

Synotis cappa (Buch.-Ham. ex D. Don) C. Jeffrey et Y. L. Chen

多年生直立草本或亚灌木。茎密被绵毛或蛛丝状茸毛。叶片倒卵形、倒披针形或长圆状椭圆形，边缘具齿，腹面被短柔毛，有时兼具蛛丝状毛或近无毛，背面被黄褐色柔毛和白色茸毛；羽状脉；叶柄密生茸毛，基部耳状。头状花序在茎枝端及叶腋排成密复伞房花序或圆锥状聚伞花序；总苞狭钟状，具约8枚线状披针形的外层苞片；舌状花的舌片黄色，先端齿裂；管状花的花冠黄色，檐部漏斗状。瘦果圆柱形，无毛；冠毛白色。花期9月至翌年1月。

生于山坡林缘、路旁；常见。 全草入药，具有清热解毒、清肝明目的功效，可用于咳嗽、带下病、风湿腰痛、关节痛、产后出血、急慢性吐泻等。

褐柄合耳菊

Synotis fulvipes (Ling) C. Jeffrey et Y. L. Chen

多年生直立草本。根状茎短，木质，多少肿胀。花茎上升至直立，单生，葶状，不分枝或稀少分枝，密被黄褐色茸毛。叶近基生，排成近莲座状，近无柄或具短柄，叶片倒卵状披针形或近匙形，先端钝或短尖，基部楔状渐狭，边缘具疏粗深波状齿或波状齿，纸质或近革质；羽状脉；茎生叶少数，小，叶片倒披针状匙形，或退化成狭苞片。头状花序辐射状，2~3个在茎端排成伞房状，具短花序梗或近无花序梗；花序梗密被黄褐色茸毛，基部有1枚线形苞片；总苞钟状；舌状花6~10朵，舌片黄色；管状花多数，花冠黄色。瘦果无毛。花期8~10月。

生于路旁、山坡密林中；常见。

锯叶合耳菊 锯叶千里光

Synotis nagensium (C. B. Clarke) C. Jeffrey et Y. L. Chen

多年生灌木状草本或亚灌木。茎密被白色茸毛或黄褐色茸毛，下部在花期无叶。叶片倒卵状椭圆形、倒披针状椭圆形或椭圆形，腹面被蛛丝状茸毛和短柔毛，背面被茸毛及沿脉被短硬毛。头状花序排成圆锥聚伞花序；花黄色；总苞倒锥状钟形。瘦果圆柱形，疏被柔毛；冠毛白色。花期8月至翌年3月。

生于山坡、沟谷、路旁；少见。　根或全草入药，具有祛风湿、清热、定喘、止泻、驱虫的功效，可用于风湿痹痛、蛔虫病、寸白虫病、姜片虫病、感冒发热、支气管炎、哮喘、腹痛腹泻、肾炎水肿、膀胱炎、疮毒、刀伤等。

菊科 Asteraceae

斑鸠菊属 *Vernonia* Schreb.

本属约有1000种，主要分布于热带地区。我国有31种；广西有16种；姑婆山有2种。

分种检索表

1. 瘦果无棱或稀具不明显的棱，多少扁压，被白色短柔毛·····················夜香牛 *V. cinerea*
1. 瘦果具4~5条棱，无毛，具腺···咸虾花 *V. patula*

夜香牛 寄色花、染色花

Vernonia cinerea (L.) Less.

　　一年生或多年生草本。茎下部和中部的叶叶片菱状长圆形或卵形，基部楔状狭成具翅的柄，边缘有具小尖头的疏齿，或波状，背面被灰白色或淡黄色短柔毛，两面均有腺点；茎上部的叶渐尖。头状花序多数在茎枝顶端排成伞房状圆锥花序；花淡红紫色，花冠筒状。花期全年。

　　生于山坡旷野、荒地、田边、路旁；常见。　全草入药，具有清热解毒、安神镇静的功效。

蟛蜞菊属 *Sphagneticola* Jacq.

本属约有60种，分布于热带和亚热带地区。我国有5种；广西5种均产；姑婆山有2种，其中1种为栽培种。

山蟛蜞菊 麻叶蟛蜞菊

Wollastonia montana (Blume) DC.

直立草本。植株高60~80 cm。茎被糙毛，后脱落。叶片卵形或卵状披针形，边缘有圆齿或细齿，两面被糙毛；茎上部的叶小，披针形。头状花序单生于叶腋和茎顶；花序梗被向上贴生的糙毛；总苞片2层，外层总苞片叶质，长圆形，内层总苞片长圆形至披针形；托片先端具芒尖，被疏毛；舌状花1层，黄色，舌片长圆形，先端2~3裂；管状花檐部5裂，裂片长圆形。瘦果略扁，倒卵状三棱柱形，红褐色，具白色疣状突起。花期4~11月。

生于路旁、山坡草地及沟谷灌丛中；常见。全草入药，具有补血、活血、止痛的功效；有毒，牛、羊、猪等家畜误食会致死。

菊科 Asteraceae

苍耳属 *Xanthium* L.

本属约有3种，分布于美洲、欧洲、亚洲和非洲。我国有2种；广西有1种；姑婆山亦有。

北美苍耳

Xanthium chinense Mill.

一年生草本。根纺锤状，分支或不分支。叶片三角状卵形或心形，边缘近全缘或有3~5不明显浅裂，两面均被贴生的糙毛。雄头状花序球形，花冠钟状；雌头状花序椭球形。成熟瘦果的总苞变坚硬，苞刺长约2 mm，顶部两喙近相等。花期7~9月，果期8~11月。

生于山坡、路旁草丛中；少见。 外来入侵种；带总苞的果入药，具有散风寒、通鼻窍、祛风湿的功效，可用于风寒头痛、鼻塞流涕、鼻衄、鼻渊、风痎瘙痒、湿痹拘挛等；有毒。

黄鹌菜属 *Youngia* Cass.

本属约有30种，主要分布于亚洲东部。我国有28种；广西有3种；姑婆山有1种。

黄鹌菜

Youngia japonica (L.) DC.

    一年生或二年生草本。植株高10~80 cm，具细软毛。基生叶长椭圆状倒披针形或倒卵状长椭圆形，大头羽状或琴状羽状半裂，每侧裂片6~8枚，上部裂片先端钝圆或急尖，裂片边缘常有不规则细齿，下部裂片小，背面具软毛；具短叶柄；花茎上无叶或具1枚至数枚细小分裂或不分裂、线形的苞叶。头状花序小；舌状花黄色。瘦果纺锤形，稍扁；冠毛糙毛状，白色。花果期4~8月。

    生于路旁及山坡、沟谷林中荒地；常见。   全草或根入药，具有清热解毒、利尿消肿的功效。

239. 龙胆科 Gentianaceae

本科约有80属700种，广泛分布于全球，主要分布于北半球温带和寒温带。我国有20属419种；广西有8属32种；姑婆山有4属7种。

分属检索表

1. 花序多少作二叉状分枝；花稍两侧对称……………………………………穿心草属 *Canscora*
1. 聚伞花序或单花；花大多辐射对称。
　2. 草本……………………………………………………………………龙胆属 *Gentiana*
　2. 缠绕藤本。
　　3. 花萼具5条脉；浆果或蒴果……………………………………双蝴蝶属 *Tripterospermum*
　　3. 花萼具10条脉；蒴果……………………………………………蔓龙胆属 *Crawfurdia*

穿心草属 *Canscora* Lam.

本属约有30种，分布于非洲、亚洲、大洋洲的热带和亚热带地区。我国有3种；广西3种均产；姑婆山有1种。

罗星草 四方香草

Canscora andrographioides Griff. ex C. B. Clarke

多年生草本。植株高20~40 cm，全株光滑无毛。茎直立，四棱柱形，多分枝。叶对生；叶片薄纸质，卵状披针形，先端渐尖，基部圆形或楔形，基出脉3条，在背面突起；无柄。复聚伞花序呈二叉状分枝，或聚伞花序顶生或腋生；花4朵，萼筒具8条突起的纵脉纹，萼齿狭三角形；花冠白色，冠筒圆筒状，与萼筒近等长，裂片平展，呈十字形，稍不整齐，椭圆形或长圆形；子房无柄。蒴果长圆形。种子黄褐色，多角形。花果期8月至翌年3月。

生于路旁及山坡、沟谷疏林中；常见。　全草入药，具有清热消肿、散瘀止痛、接骨的功效。

蔓龙胆属 *Crawfurdia* Wall.

本属约有16种，分布于亚洲南部，主要分布于中国、印度、缅甸。我国有14种；广西有2种；姑婆山有1种。

福建蔓龙胆 八角草、蝴蝶草
Crawfurdia pricei (C. Marquand) Harry Sm.

多年生缠绕草本。茎圆柱形，有细条棱，上部螺旋状扭转，节间长4~21 cm。茎最下部常有数对三角形的鳞片状叶；茎生叶片卵形、卵状披针形或披针形，先端渐尖、尾状渐尖或急尖，基部圆形或微心形，边缘细波状，稍反卷；基出脉3~5条，在背面突起；叶柄扁平。聚伞花序腋生及顶生，或单花腋生；花冠淡紫色、粉红色或紫白色，钟状，裂片宽卵状三角形；子房纺锤形，基部有5枚长卵形腺体，柱头线形，2裂。花果期10~12月。

生于路旁、山坡密林及山顶灌丛中；常见。 全草入药，具有清热解毒的功效，可用于肺热咳嗽、肾炎、痈疮肿毒、刀伤等。

龙胆科 Gentianaceae

龙胆属 *Gentiana* L.

本属约有360种，分布于非洲西北部、美洲、欧洲、亚洲、澳大利亚北部及新西兰。我国有248种；广西有14种；姑婆山有4种。

分种检索表

1. 草本，株高10 cm以上；花大，花冠褶偏斜；蒴果椭球形、椭球状披针形，边缘不具翅；种子表面具蜂窝状网隙或具翅·····································**五岭龙胆** *G. davidii*
1. 矮小草本；花小，花冠褶整齐；蒴果短而宽，倒卵形、长圆状匙形或倒卵状长圆形，顶端具宽翅，两侧边缘具自上而下渐狭的翅；种子表面具细网纹，无翅。
　2. 花冠具流苏···**流苏龙胆** *G. panthaica*
　2. 花冠无流苏。
　　3. 根纤细；茎多数丛生；叶片卵形、披针形或线形···············**广西龙胆** *G. kwangsiensis*
　　3. 根略肉质，粗壮，根皮易剥落；茎少数丛生；叶片椭圆形或匙形··········**华南龙胆** *G. loureiroi*

五岭龙胆 青叶胆

Gentiana davidii Franch.

多年生草本。须根略肉质。主茎粗壮，具多数较长分枝；花枝多数，丛生。叶片线状披针形或椭圆状披针形，边缘微外卷，有乳突。花多数，簇生于枝顶成头状；花冠蓝色，狭漏斗状。蒴果狭椭球形或卵状椭球形。种子淡黄色，表面具蜂窝状网隙。花果期6~11月。

生于路旁、山坡草地及山坡、沟谷疏林中；常见。　全草入药，具有清热解毒、利尿明目的功效。

龙胆科 Gentianaceae

广西龙胆

Gentiana kwangsiensis T. N. Ho

　　多年生矮小草本。植株高3~6 cm。茎多数丛生，铺散或斜升。茎生叶对生，枝端的叶簇生成套叠状；叶片薄革质，有光泽，灰绿色，常对折，外弯，线状椭圆形，先端急尖，有小尖头，基部连合成短筒，边缘软骨质；中脉软骨质，在背面突起。花单生于小枝顶端，藏于叶丛中；花萼倒锥形，裂片钻形，先端急尖，有短尖头，边缘软骨质，中脉在背面呈脊状突起并向萼筒下延，弯缺楔形或平截；花冠紫色，外面具黄绿色宽条纹，裂片卵形，褶长圆形，先端有不整齐细齿。蒴果内藏或顶端外露，具宽翅，两侧边缘具狭翅。花果期6~10月。

　　生于山顶阴湿草丛中；少见。

华南龙胆 紫花地丁

Gentiana loureiroi (G. Don) Griseb.

多年生矮小草本。植株高3~8 cm。茎少数丛生，直立，少分枝，紫红色，密被乳突。叶片椭圆形，少数倒卵状匙形；基生叶存在时排成莲座状，在花期不枯萎，具宽叶柄；茎生叶较小，多数短于节间，少数长于节间，先端有锐尖头，基部变狭连合成鞘状，边缘稍软骨质。花单生于小枝顶端；花梗紫红色，密被乳突，裸露；花萼钟状，裂片披针形或线状三角形，弯缺狭，楔形；花冠紫蓝色、紫色或鲜蓝色，漏斗状。蒴果倒卵球形，常外露，顶端圆形，具宽翅，两侧边缘具渐狭的翅。花果期3~9月。

生于山坡路旁或疏林下；少见。　全草入药，具有清热利湿、解毒消肿的功效，可用于咽喉肿痛、目赤、黄疸、痢疾、肠痈、带下病、尿血，外用于疮疡肿毒、毒蛇咬伤。

龙胆科 Gentianaceae

流苏龙胆

Gentiana panthaica Burk.

一年生草本。茎黄绿色，光滑，从基部起多分枝，枝再作二次二歧分枝，枝铺散。基生叶大，在花期枯萎，卵形或卵状椭圆形；茎生叶平展，远短于节间，卵状三角形、披针形或狭椭圆形；全部叶片先端急尖，基部圆形或心形，半抱茎，背面光滑或与腹面一样密被细乳突，背面光滑；叶柄边缘及背面具乳突，连合成筒。花多数，单生于小枝顶端；花梗黄绿色，光滑，裸露；花萼钟状，外面光滑，裂片丝状锥形或锥形；花冠淡蓝色，外面具蓝灰色宽条纹。花果期2~9月。

生于山坡、山顶疏林中；常见。 全草入药，具有清热解毒、利湿消肿、舒肝、利胆的功效，可用于肝胆热症、时疫发热等。

流苏龙胆

双蝴蝶属 *Tripterospermum* Blume

本属约有25种，分布于亚洲南部和东部。我国有19种；广西有4种；姑婆山有1种。

香港双蝴蝶

Tripterospermum nienkui (C. Marquand) C. J. Wu

多年生缠绕草本。具短根状茎和线状的不定根。茎绿色或暗紫色，具细条棱，螺旋状扭转。基生叶丛生，叶片卵形；茎生叶片卵状披针形或卵形，先端渐尖、尾状渐尖或急尖，基部浅心形或圆形，边缘微波状。花2朵至多朵排成腋生的聚伞花序或单花腋生；花萼钟状，基部向萼筒下延成翅，弯缺截形；花冠紫色、淡紫色或紫蓝色，裂片卵状三角形，具褶。浆果紫红色，短椭球形，两端钝，内藏，具短梗；种子紫黑色，扁三棱柱状，表面具细网纹。花果期8月至翌年1月。

生于路旁、山坡灌丛中；少见。　根、全草入药，具有清热、调经的功效，可用于肺痨、肺痈、乳疮、久痢、月经不调等。

240. 报春花科 Primulaceae

本科有22属近1000种，主要分布于北半球温带、亚热带以及高山地区。我国有12属约517种；广西有5属53种；姑婆山有2属8种。

分属检索表

1. 叶片边缘全缘；花冠筒短于花萼··珍珠菜属 Lysimachia
1. 叶片边缘具粗齿；花冠筒与花萼等长·································假婆婆纳属 Stimpsonia

珍珠菜属 *Lysimachia* L.

本属约有180种，主要分布于北半球温带和亚热带地区。我国有138种；广西有43种；姑婆山有7种，其中1种还有待进一步确定，在此暂不描述。

分种检索表

1. 花白色，排成顶生总状花序；花丝分离··································星宿菜 *L. fortunei*
1. 花非白色或不排成顶生总状花序；花丝基部合生成环。
 2. 叶互生或2~4片簇生茎端；花药长于花丝，基着。
  3. 茎草质，有翅；花冠直径2~3.5 cm·································灵香草 *L. foenum-graecum*
  3. 茎多少带木质，无翅；花冠直径小于2 cm·······················阔叶假排草 *L. petelotii*
 2. 叶对生或4片至多片簇生茎端；花药短于花丝，背着。
  4. 叶片和花冠无有色腺点；花白色；叶片腹面无毛··············白花过路黄 *L. huitsunae*
  4. 叶片和花冠具黑色或红褐色腺点。
   5. 叶片和花冠具点状腺点···临时救 *L. congestiflora*
   5. 叶片和花冠具条状腺点···广西过路黄 *L. alfredii*

临时救　聚花过路黄

Lysimachia congestiflora Hemsl.

　　茎下部匍匐，节上生根，上部及分枝上升，密被多细胞卷曲柔毛。叶对生；叶片基部近圆形或截形，稀略呈心形，边缘具褐色或紫红色腺点，有时中肋和侧脉带紫红色。花2~4朵簇生于茎端和枝端排成近头状的总状花序，在花序下方的1对叶腋有时具单生之花；花冠黄色，内面基部紫红色。蒴果球形，直径3~4 mm。花期5~6月，果期7~10月。

　　生于沟谷、山坡林下及路旁草地上；常见。　全草入药，具有清热解毒、祛风散寒、化痰止咳、利湿消积的功效，可用于风寒头痛、咽喉肿痛、肾炎水肿、肾结石、小儿疳积、疔疮、毒蛇咬伤等。

报春花科 Primulaceae

灵香草 尖叶子、驱蛔虫草、闹虫草
Lysimachia foenum-graecum Hance

多年生草本。植株干后有浓郁香气。叶互生；叶片卵形至椭圆形，草质，干时两面密布极不明显的下陷小点和稀疏的褐色无柄腺体。花单朵腋生；花梗纤细，长2.5~4 cm；花冠黄色。蒴果灰白色，不开裂或顶端不规则浅裂。花期5月，果期8~9月。

生于沟谷林下；常见。 全草具芳香，可提炼香精，用作加工烟草和化妆品的香料；干草切碎亦可直接用于制作高级卷烟；民间将干草置入箱柜中，香气经久不散，并可防虫蛀衣物；全草入药，具有清热行气、祛风寒、止痛、驱蛔防虫、辟秽浊的功效。

星宿菜 红根草、散血草、大田基黄

Lysimachia fortunei Maxim.

多年生草本。全株无毛，嫩梢和花序轴具褐色腺体。根状茎横走，紫红色。茎直立，有黑色腺点，基部紫红色。叶互生；叶片两面均有黑色腺点，干后腺点成粒状突起；近无柄。总状花序顶生，长10~20 cm；花冠白色，有黑色腺点。蒴果球形，直径2~2.5 mm。花期6~8月，果期8~11月。

生于山坡、路旁或沟边阴湿处；常见。 全草入药，具有活血散瘀、消肿止痛、利水化湿、收敛止泻、清肝明目的功效。

报春花科 Primulaceae

白花过路黄

Lysimachia huitsunae S. S. Chien

多年生草本。茎基部倾卧，上部直立，被逆向紧贴的柔毛，单一或有分枝。叶对生，有时在茎端互生；茎下部的叶片鳞片状，向上逐渐增大，茎中部的叶片卵形或披针形，基部楔形，下延，腹面无毛，背面沿叶脉被稀疏柔毛，两面均有透明腺点；叶柄具狭翅。花单生于茎上部叶腋；花梗被柔毛，果期时下弯；花萼裂片披针形；花冠白色，辐射状。花期6~7月，果期7~9月。

生于山顶石壁石缝中；少见。 该种为黄连花亚属（Subgen. *Lysimachia*）中唯一具白色花冠的种类，较为特殊。

阔叶假排草 阔叶排草
Lysimachia petelotii Merr.

多年生草本。茎圆柱形，近直立或上升。叶互生，通常生于茎的上半部并向顶端稍密聚；茎下部的叶片鳞片状，上部的叶片卵形、椭圆形或阔椭圆形；侧脉5~6对。花单朵腋生或有时2~5朵生于叶腋不发育的短枝端；花萼裂片卵状披针形；花冠黄色；子房卵形。蒴果近球形，瓣裂。花期5~6月，果期8~9月。

生于路旁及山坡、沟谷密林下；常见。 全草入药，可用于乳痈。

报春花科 Primulaceae

假婆婆纳属 *Stimpsonia* Wright ex A. Gray

本属仅有1种，分布于亚洲东部。姑婆山亦有。

假婆婆纳

Stimpsonia chamaedryoides Wright ex A. Gray

一年生小草本。茎纤细，直立或上升，常多条簇生，高6~18 cm，被小腺毛。叶基生和在茎上互生；基生叶基部圆形或稍呈心形，边缘有不整齐的钝齿；茎生叶边缘齿较深且锐尖，具短柄或无柄。花小，单生于茎上部叶腋，排成总状花序；花冠白色，高脚碟状，裂片5枚，覆瓦状排列；花丝与花药近等长。蒴果球形，5瓣开裂达基部。花期4~5月，果期6~7月。

生于沟谷、山坡林缘草坡；少见。　全草入药，具有清热解毒、活血、消肿止痛的功效，可用于疮疡肿毒、毒蛇咬伤。

242. 车前科 Plantaginaceae

本科有2属约210种，广泛分布于全世界。我国有1属，即车前属（*Plantago*），共22种；广西有3种；姑婆山有1种。

车前

Plantago asiatica L.

多年生草本。须根多数。根状茎短，稍粗。叶基生排成莲座状，平卧、斜展或直立；叶片卵形至椭圆形，先端钝圆至急尖，边缘波状。穗状花序细圆柱状，3~10个，直立或弓曲上升；花冠白色。蒴果纺锤状，具角，背腹面微隆起；子叶背腹向排列。花期4~8月，果期6~9月。

生于山坡、沟边路旁草地及空旷处；常见。 种子入药，具有利水通淋、清肝明目的功效；全草入药，具有清热解毒、利尿的功效。

243. 桔梗科 Campanulaceae

本科有86属2 300种以上，全世界分布。我国有16属159种；广西有12属40种；姑婆山有6属7种。

分属检索表

1. 花辐射对称，雄蕊离生。
  2. 缠绕藤本。
   3. 果为蒴果，子房和果顶端圆锥状渐尖⋯⋯⋯⋯⋯⋯⋯⋯⋯⋯党参属 Codonopsis
   3. 果为浆果，子房和果顶端平截形⋯⋯⋯⋯⋯⋯⋯⋯⋯金钱豹属 Campanumoea
  2. 直立草本。
   4. 果为基部孔裂的蒴果；植株具肉质根⋯⋯⋯⋯⋯⋯⋯⋯⋯沙参属 Adenophora
   4. 果为顶端瓣裂的蒴果或浆果；植株无肉质根。
    5. 果为蒴果，子房和果顶端圆锥状渐尖⋯⋯⋯⋯⋯⋯⋯蓝花参属 Wahlenbergia
    5. 果为浆果，子房和果顶端平截形⋯⋯⋯⋯⋯⋯⋯⋯轮钟花属 Cyclocodon
1. 花两侧对称，雄蕊合生⋯⋯⋯⋯⋯⋯⋯⋯⋯⋯⋯⋯⋯⋯⋯半边莲属 Lobelia

沙参属 *Adenophora* Fisch.

本属有62种，主要分布于亚洲东部、印度南部和越南。我国有38种；广西有3种；姑婆山有1种。

轮叶沙参 南沙参

Adenophora tetraphylla (Thunb.) Fisch.

多年生草本。茎高大，不分枝。茎生叶3~6片轮生，卵圆形至条状披针形。花序狭圆锥状，花序分枝大多轮生，每分枝生数朵花或单朵花；花冠筒状细钟形，口部稍缢缩，蓝色、蓝紫色。蒴果球状圆锥形或卵球状圆锥形。种子黄棕色，有1条棱，并由棱扩展成1条白带。花期7~9月。

生于山坡林缘、路旁；常见。 根入药，具有清热养阴、润肺益气、化痰止咳的功效。

金钱豹属 *Campanumoea* Blume

本属有 2 种，分布从喜马拉雅地区至日本、菲律宾和巴布亚新几内亚。我国有 2 种；广西有 1 种 1 亚种；姑婆山有 1 种。

金钱豹

Campanumoea javanica Blume

缠绕草质藤本。具乳汁和肉质根。茎无毛，多分枝。叶对生；叶片心形，边缘具浅钝齿。花单生于叶腋；花冠上位，白色或黄绿色，内面紫色，钟状，裂至中部。浆果黑紫色或紫红色，球形。种子形状不规则，常为短柱状，表面有网状纹饰。花期5~11月。

生于沟谷、路旁灌丛中；少见。　根入药，具有补中益气、润肺生津、祛痰止咳的功效。

桔梗科 Campanulaceae

党参属 *Codonopsis* Wall.

本属有40多种，分布于亚洲东部、南部和中部。我国约有40种；广西有3种；姑婆山有1种。

羊乳 奶参

Codonopsis lanceolata (Sieb. et Zucc.) Trautv.

缠绕草本。根通常肥大呈纺锤形，近上部有稀疏环纹，而下部则疏生横长皮孔。在小枝顶端的叶2~4片近对生或轮生；叶片菱状卵形、狭卵形至椭圆形，边缘通常全缘或有疏波状齿。花单生或对生于小枝顶端；花冠阔钟状，黄绿色或乳白色，内面有紫色斑。蒴果下部半球形，上部有喙。花果期7~8月。

生于路旁及山坡密林中；常见。 根入药，具有清热解毒、滋补强壮、补虚通乳、排脓、润肺祛痰的功效。

轮钟花属 *Cyclocodon* Griff.

本属有 3 种，分布从喜马拉雅地区至日本、菲律宾和巴布亚新几内亚。我国有 3 种；广西仅有 1 种；姑婆山亦有。

长叶轮钟草　皮罗盖、蜘蛛果
Cyclocodon lancifolius (Roxb.) Kurz

直立或蔓性草本。茎高可达3 m，中空，分枝多而长。叶对生，偶有3片轮生；叶片卵形、卵状披针形至披针形。花通常单朵顶生兼腋生，有时3朵排成聚伞花序；花白色或淡红色，管状钟形，5~6裂至中部。浆果球形，熟时紫黑色。种子极多数，呈多角体。花期7~10月。

生于山坡林下或灌丛中；少见。　根入药，具有益气、润肺补虚、祛痰、止痛的功效。

桔梗科 Campanulaceae

半边莲属 *Lobelia* L.

本属约有414种，分布于热带和亚热带地区，特别是非洲和美洲。我国有23种；广西有13种；姑婆山有2种。

分种检索表

1. 叶片卵形或心形，边缘具细齿，两面疏生短柔毛……………………铜锤玉带草 *L. nummularia*
1. 叶片线形至披针形，边缘全缘或先端具明显的齿，无毛……………………半边莲 *L. chinensis*

铜锤玉带草

Lobelia nummularia Lam.

多年生匍匐草本。具白色乳汁。茎平卧，被开展的柔毛，节上生根。叶互生；叶片卵形或心形，边缘具细齿；叶脉掌状至掌状羽脉。花单生于叶腋；花冠紫红色、淡紫色、绿色或黄白色。浆果紫红色，椭球形。种子多数，近球形，稍压扁，表面有小疣突。花果期全年。

生于山坡林缘、路旁；常见。 全草或果入药，具有祛风利湿、活血散瘀、解毒、固精、顺气、消积的功效；有小毒。

半边莲

Lobelia chinensis Lour.

　　多年生草本。茎细弱，匍匐，节上生根。叶互生；叶片线形至披针形，边缘全缘或先端具明显的齿，无毛。花单生于分枝的上部叶腋；花冠粉红色或白色，喉部以下生白色柔毛，裂片全部平展于下方，处于一个平面。蒴果倒锥形。种子椭球形，稍压扁，近肉色。花果期5~10月。

　　生于路旁草地、沟边；常见。　带根全草入药，有清热解毒、利尿消肿的功效，可用于黄疸、大腹水肿、肝硬化腹水、晚期血吸虫病腹水、面足浮肿、水肿、乳蛾、肠痈等，外用于跌打损伤、痈疖疔疮、毒蛇咬伤。

桔梗科 Campanulaceae

蓝花参属 *Wahlenbergia* Schrad. ex Roth

本属约有260种，主产于南半球。我国有2种；广西有1种；姑婆山亦有。

蓝花参 清明草

Wahlenbergia marginata (Thunb.) A. DC.

多年生蔓生小草本。根细长。茎自基部多分枝。叶互生；茎下部的叶片匙形至倒披针形，茎上部的叶片呈条形或狭椭圆形，先端急尖或钝，基部楔形，边缘浅波状，具疏细齿或全缘；无柄。花序生于茎或分枝顶端，有花1朵至数朵；花梗细长而伸直；花萼5裂，裂片狭三角形至三角状钻形；花冠钟状，蓝色，分裂达2/3；雄蕊5枚。蒴果倒圆锥形，有10条不甚明显的纵棱，顶部3瓣裂。种子长圆形，黄色。花果期2~5月。

生于山坡林缘、路旁、沟谷；少见。 根或全草入药，具有益气补虚、祛痰、截疟的功效。

249. 紫草科 Boraginaceae

本科约有156属2500种，分布于温带和热带地区，地中海地区为其分布中心。我国有47属294种；广西有14属27种；姑婆山有6属6种，其中1属1种为栽培种。

分属检索表

1. 乔木或灌木⋯⋯⋯⋯⋯⋯⋯⋯⋯⋯⋯⋯⋯⋯⋯⋯⋯⋯⋯⋯⋯⋯⋯⋯⋯⋯**厚壳树属 Ehretia**
1. 草本。
  2. 小坚果有锚状刺；花冠檐部与筒部近等长或比筒部长；雄蕊和花柱内藏⋯⋯⋯⋯⋯⋯
  ⋯⋯⋯⋯⋯⋯⋯⋯⋯⋯⋯⋯⋯⋯⋯⋯⋯⋯⋯⋯⋯⋯⋯**琉璃草属 Cynoglossum**
  2. 小坚果无锚状刺。
   3. 小坚果四面体形⋯⋯⋯⋯⋯⋯⋯⋯⋯⋯⋯⋯⋯⋯⋯⋯⋯⋯**附地菜属 Trigonotis**
   3. 小坚果非四面体形。
    4. 小坚果碗状突起为2层，外层突起的边缘具齿⋯⋯⋯⋯⋯⋯**盾果草属 Thyrocarpus**
    4. 小坚果突起为1层，或为2层而外层突起的边缘全缘⋯⋯⋯**斑种草属 Bothriospermum**

斑种草属 *Bothriospermum* Bunge

本属约有5种，广泛分布于亚洲热带及温带地区。我国有5种；广西有2种；姑婆山有1种。

柔弱斑种草

Bothriospermum zeylanicum (J. Jacq.) Druce

一年生草本。茎丛生，多分枝，被向上贴伏的糙伏毛。叶片椭圆形或狭椭圆形，先端钝，具小尖，两面均被向上贴伏的糙伏毛或短硬毛。花序柔弱；花萼在果期增大；花冠蓝色或淡蓝色，喉部有5个梯形的附属物。小坚果肾形，腹面具纵椭圆形的环状凹陷。花果期2~10月。

生于山坡路边、田间草丛及溪边阴湿处；常见。 全草入药，具有止咳、止血的功效。

紫草科 Boraginaceae

琉璃草属 *Cynoglossum* L.

本属约有75种，广泛分布于全世界，主要分布于非洲、亚洲和欧洲。我国有12种；广西有2种；姑婆山有1种。

小花琉璃草

Cynoglossum lanceolatum Forssk.

多年生草本。茎直立，密生基部具基盘的硬毛。基生叶及茎下部的叶片长圆状披针形，茎生叶披针形。花序顶生及腋生，分枝钝角叉状展开，在果期延长成总状；无苞片；花冠淡蓝色，钟状，喉部有5个半月形附属物。小坚果卵球形，背面突，密生长短不等的锚状刺。花果期4~9月。

生于山坡林缘、路旁；少见。 全草、根入药，具有清热解毒、利尿消肿、活血调经的功效，可用于急性肾炎、牙周炎、牙周肿胀、下颌急性淋巴结炎、月经不调、跌打损伤、痈疮肿毒、毒蛇咬伤。

厚壳树属 *Ehretia* P. Browne

本属约有 50 种，主要分布于非洲和亚洲南部，美洲有少量分布。我国有 14 种；广西有 6 种；姑婆山有 1 种。

长花厚壳树

Ehretia longiflora Champ. ex Benth.

乔木。树皮片状剥落；小枝无毛。叶片椭圆形、长圆形或长圆状倒披针形，边缘全缘，无毛；侧脉4~7对；叶柄无毛。聚伞花序伞房状，生于侧枝顶端，无毛或疏生短柔毛；花萼无毛；花冠白色，筒状钟形，裂片明显比筒部短；花丝着生于花冠筒基部。核果淡黄色或红色；核具棱，分裂成4个具单粒种子的分核。花期4月，果期6~7月。

生于山坡疏林及湿润的山谷密林；少见。　嫩叶可代茶用；根入药，可用于产后腹痛。

紫草科 Boraginaceae

盾果草属 *Thyrocarpus* Hance

本属约有3种，分布于中国和越南。我国有2种；广西有1种；姑婆山亦有。

盾果草

Thyrocarpus sampsonii Hance

  茎直立或斜升，被开展的长硬毛和短糙毛。基生叶丛生，叶片匙形，边缘全缘或具疏细齿，两面都有具基盘的长硬毛和短糙毛；茎生叶无柄，叶片狭长圆形或倒披针形。花着生于苞腋或腋外；苞片狭卵形至披针形；花萼裂片狭椭圆形，外面和边缘有开展的长硬毛，内面稍有短伏毛；花冠淡蓝色或白色，显著比花萼长，筒部比檐部短，喉部附属物线形；雄蕊5枚，着生于花冠筒中部。小坚果4个，黑褐色。花果期5~7月。

  生于山坡草丛或灌丛中；常见。 全草入药，具有清热解毒、消肿的功效，可用于痈疖疔疮、痢疾、泄泻、咽喉痛；外用于乳疮、疔疮。

附地菜属 *Trigonotis* Steven

本属约有58种，分布于亚洲中部及中国、日本、朝鲜、菲律宾、马来西亚的北婆罗洲以及大洋洲的巴布亚新几内亚。我国有39种；广西有6种；姑婆山有1种。

附地菜

Trigonotis peduncularis (Trevis.) Benth. ex Baker et S. Moore

一年生或二年生草本。茎通常多条丛生，被短糙伏毛。基生叶排成莲座状，叶片匙形，两面均被糙伏毛，有叶柄；茎上部的叶片长圆形或椭圆形，无叶柄或具短柄。花序生于茎顶，基部具叶状苞片；花萼裂片卵形；花冠淡蓝色或粉色，裂片倒卵形，喉部附属物5个。小坚果4个，斜三棱锥状四面体形，有短毛或平滑无毛。早春开花，花期甚长。

生于山坡林下或林缘荒地；常见。　全草入药，具有温中健胃、消肿止痛、止血的功效；嫩叶可食用；花美观，可用于点缀花园。

250. 茄科 Solanaceae

本科约有95属2 300种，广泛分布于温带及热带地区。我国有20属101种；广西有15属47种；姑婆山有5属10种，其中1属1种为栽培种。

分属检索表

1. 灌木或小乔木···茄属 *Solanum*
1. 一年生或多年生草本，稀亚灌木。
  2. 花药围绕花柱靠合···红丝线属 *Lycianthes*
  2. 花药分离，纵裂。
    3. 花萼在花后显著增大，完全包围果·····························酸浆属 *Physalis*
    3. 花萼在花后不显著增大，不包围果而仅在果基部宿存··········龙珠属 *Tubocapsicum*

红丝线属 *Lycianthes* (Dunal) Hassl.

本属约有180种，主要分布于美洲中南部。我国有10种；广西有8种；姑婆山有2种。

分种检索表

1. 多年生草本，具匍匐茎且节上生出不定根；花单生，少为2朵·········单花红丝线 *L. lysimachioides*
1. 直立亚灌木，不具匍匐茎且节上无不定根；花2~3朵······························红丝线 *L. biflora*

红丝线

Lycianthes biflora (Lour.) Bitter

亚灌木。小枝、叶背、叶柄、花梗及花萼外面密被淡黄色毛。叶常假双生，大小不相等；大叶片椭圆状卵形，小叶片宽卵形，两种叶均膜质，边缘全缘，腹面绿色，被分散的简单具节的短柔毛。花2~5朵生于叶腋；萼齿10枚，钻状线形；花冠淡紫色或白色，星形。浆果球形，成熟时绯红色。种子淡黄色，压扁状。花期5~8月，果期7~11月。

生于沟谷、山坡疏林及路旁；常见。叶、全株入药，具有祛痰止咳、清热解毒、补虚的功效。

单花红丝线

Lycianthes lysimachioides (Wall.) Bitter

　　草本。植株疏被毛或无毛。茎纤细，基部常匍匐，从节上生出不定根。叶假双生，大小不相等或近相等；大叶片卵形、椭圆形至卵状披针形，两种叶片的先端渐尖或急尖，基部楔形，下延至叶柄而成窄翅。花序无梗，仅1朵花着生于叶腋内；花冠白色至淡紫色，深5裂。浆果球形，红色。

　　生于路旁及山坡草地；常见。　全草入药，具有杀虫、解毒的功效，可用于痈肿疮毒、耳疮、鼻疮。

茄科 Solanaceae

酸浆属 *Physalis* L.

本属约有75种，大多数分布于美洲热带及温带地区，少数分布于欧亚大陆。我国有6种；广西有4种；姑婆山有1种。

小酸浆

Physalis minima L.

一年生草本。根细瘦。茎主轴短缩，顶端多二歧分枝，分枝披散而卧于地上或斜升，生短柔毛。叶片卵形或卵状披针形，先端渐尖，基部歪斜楔形，边缘全缘呈波状或有少数粗齿，两面脉上有柔毛；叶柄细弱。花具细弱的花梗，花梗被短柔毛；花萼钟状，外面生短柔毛，裂片三角形，先端短渐尖，缘毛密；花冠黄色。果萼近球状或卵球状；果球形。花期夏季，果期秋季。

生于山坡林缘、路旁；常见。全草、果入药，具有渗湿、杀虫的功效，可用于黄疸、小便不利、慢性咳嗽气喘、痄疾瘰疬、湿疮、小儿发热、疝气、毒蛇咬伤等。

茄属 *Solanum* L.

本属约有1200种，分布于热带及亚热带地区，少数分布于温带地区。我国有41种；广西有26种；姑婆山有5种。

分种检索表

1. 植株有刺···喀西茄 *S. aculeatissimum*
1. 植株无刺。
  2. 蔓性灌木或草质藤本。
    3. 植株光滑无毛，叶片边缘全缘·····························海桐叶白英 *S. pittosporifolium*
    3. 茎、叶各部密被多节的长柔毛，叶基部大多为戟形至琴形，3~5裂·············白英 *S. lyratum*
  2. 直立草本。
    4. 植株粗壮；短的蝎尾状花序通常着生4~10朵花；果及种子较大·················龙葵 *S. nigrum*
    4. 植株纤细；花序近伞状，通常着生1~6朵花；果及种子均较小·········少花龙葵 *S. americanum*

喀西茄

Solanum aculeatissimum Jacq.

亚灌木。茎、枝、叶及花梗多混生黄白色毛及淡黄色基部宽扁的直刺。叶片阔卵形，5~7深裂，裂片边缘具齿裂及浅裂。花序腋外生，短而少花，单生或2~4朵；花淡黄色；花萼钟状。浆果球形，初时白绿色，具绿色花纹，成熟时淡黄色。花期春夏，果期冬季。

生于山坡路边灌丛中、荒地、草坡或疏林中；常见。 外来入侵种；果入药，具有消炎解毒、镇静止痛的功效；叶入药，具有消炎止痛、解毒止痉的功效。

茄科 Solanaceae

龙葵

Solanum nigrum L.

　　一年生草本。茎直立，多分枝，近无毛或被微柔毛。叶互生；叶片卵形，基部楔形至阔楔形而下延至叶柄，边缘全缘或有不规则的波状齿，两面光滑或均被稀疏短柔毛。花序短蝎尾状，腋外生，有3~10朵花；花萼杯状；花冠白色，筒部隐于萼内。浆果球形，熟时紫黑色。种子多数，近卵形，两侧压扁。花期5~8月，果期7~11月。

　　生于山坡林缘、路旁；常见。　全草入药，具有清热解毒、利水消肿的功效；有小毒。

海桐叶白英

Solanum pittosporifolium Hemsl.

无刺蔓性灌木。全株光滑无毛。小枝具棱。叶片披针形至卵状披针形，先端长渐尖，基部圆形，有时稍偏斜，边缘全缘，两面无毛。花冠白色或紫色，裂片基部有斑点，边缘具缘毛，开放时向外反折。浆果球形，成熟时红色。种子扁平。花期6~8月，果期9~12月。

生于沟谷、路旁、山坡疏林下；常见。　全草入药，具有清热解毒、散瘀消肿、祛风除湿、防癌的功效。

茄科 Solanaceae

龙珠属 *Tubocapsicum* (Wettst.) Makino

本属有1种，分布于中国、朝鲜和日本。姑婆山亦有。

龙珠

Tubocapsicum anomalum (Franch. et Sav.) Makino

植株无毛。叶片薄纸质，椭圆形、卵形或卵状披针形，先端渐尖，基部斜楔形，下延至叶柄呈狭翅，稀有近圆形；侧脉5~8对。花2~6朵簇生，俯垂；花梗顶端增大；花萼皿状，果期时稍增大而宿存；花冠浅黄色，裂片卵状三角形，有短缘毛，向外反卷；雄蕊伸出花冠。浆果成熟时红色。花期7~9月，果期8~10月。

生于山坡林缘、路旁、沟谷；常见。　全草入药，可用于淋症、疔疮、小便淋痛、炎肿；果入药，具有清热解毒、散结化瘀的功效。

251. 旋花科 Convolvulaceae

本科约有58属1 650种，广泛分布于热带、亚热带和温带地区，主要分布于美洲和亚洲热带、亚热带地区。我国有20属约129种；广西有17属58种；姑婆山有2属2种。

分属检索表

1. 寄生植物，无叶；花小·······································**菟丝子属** *Cuscuta*
1. 非寄生植物，具营养叶；花通常显著·····························**番薯属** *Ipomoea*

菟丝子属 *Cuscuta* L.

本属约有170种，分布于热带至温带地区，主要分布于美洲。我国有11种；广西有3种；姑婆山有1种。

菟丝子 中国菟丝子

Cuscuta chinensis Lam.

一年生寄生性草本。茎黄色。无叶。花序于茎上侧生，花稀或密簇生排成小伞形或小团伞花序；苞片和小苞片均鳞片状；花萼杯状，裂片5枚，三角形；花冠白色，钟状，5裂，裂片三角状卵形，开花后向外反折；鳞片5枚，边缘长流苏状。蒴果球形，熟时被宿存花冠完全包裹，整齐地周裂。花期6~9月，果期8~10月。

生于路旁、沟谷；常见。 种子入药，具有补肝肾、益精壮阳、止泻的功效；寄生于大豆、胡麻、苎麻、花生、马铃薯等，对农作物有危害。

旋花科 Convolvulaceae

番薯属 *Ipomoea* L.

本属约有500种，广泛分布于热带、亚热带和温带地区。我国约有29种；广西有21种；姑婆山有1种。

牵牛

Ipomoea nil (L.) Roth

一年生缠绕草本。茎上被倒向的短柔毛及杂有倒向或开展的长硬毛。叶片深或浅3裂，偶5裂，基部圆，心形，中裂片长圆形或卵圆形，侧裂片较短，三角形，裂口锐或圆，腹面或疏或密被微硬的柔毛。花腋生，单一或通常2朵着生于花序梗顶；花冠漏斗状，蓝紫色或紫红色，花冠筒色淡。蒴果近球形，3瓣裂；种子被褐色短茸毛。花期8~11月。

生于山坡灌丛或路边；常见。　外来入侵种；种子入药，具有泻水利尿、逐痰、杀虫的功效。

252. 玄参科 Scrophulariaceae

本科约有220属4 500种，广泛分布于全世界，以北温带最多。我国有61属681种；广西有34属134种；姑婆山有9属16种1亚种。

分属检索表

1. 木本；茎、叶常具星状毛；花萼革质，密被星状毛。
　2. 乔木；叶较大；花大，常排成圆锥花序……………………………………泡桐属 *Paulownia*
　2. 攀缘灌木；叶较小；花较小，单生或排成总状花序…………………来江藤属 *Brandisia*
1. 草本，有时基部木质化；茎、叶无星状毛；花萼纸质或膜质，无星状毛。
　3. 叶片具腺点；花萼下有1对小苞片。
　　4. 植株被多细胞长柔毛；果熟时室背与室间开裂成4瓣…………………毛麝香属 *Adenosma*
　　4. 植株无毛；果熟时室间开裂，果瓣仅在顶端轻微开裂………………伏胁花属 *Mecardonia*
　3. 叶片无油腺点；花萼下小苞片有或无。
　　5. 花冠辐射状或近辐射状，冠筒几无、短或明显…………………………婆婆纳属 *Veronica*
　　5. 花冠不为辐射状，冠筒明显。
　　　6. 花冠上唇多少呈盔状…………………………………………………马先蒿属 *Pedicularis*
　　　6. 花冠上唇伸直或向后反卷。
　　　　7. 花萼具明显的翅或棱，萼齿浅裂。
　　　　　8. 花萼具5翅，稀具5条棱，多少唇形；蒴果隔膜不宿存；叶对生，具齿……………
　　　　　　……………………………………………………………………蝴蝶草属 *Torenia*
　　　　　8. 花萼具5条棱，不呈唇形；蒴果隔膜宿存；叶对生，常有齿，稀全缘…………………
　　　　　　……………………………………………………………………母草属 *Lindernia*
　　　　7. 花萼无明显的棱或无翅，萼齿5深裂。
　　　　　9. 能育雄蕊2枚，另2枚退化…………………………………………母草属 *Lindernia*
　　　　　9. 能育雄蕊4枚。
　　　　　　10. 花萼钟状，裂至1/2左右；花丝无附属物；蒴果椭球形、卵球形…………通泉草属 *Mazus*
　　　　　　10. 花萼5齿裂，深裂至基部，稀裂至1/2；花丝有附属物；蒴果多为圆柱形、条形、椭球形、
　　　　　　　稀卵球形或球形………………………………………………母草属 *Lindernia*

玄参科 Scrophulariaceae

毛麝香属 *Adenosma* R. Br.

本属约有15种，分布于亚洲东部及大洋洲。我国有4种；广西有3种；姑婆山有1种。

毛麝香 土茵、陈痧、虫药

Adenosma glutinosa (L.) Druce

多年生直立草本。全株密被多细胞腺毛和长柔毛；叶片背面与苞片、小苞片及萼片均有黄色油腺点。茎分枝稀少。花单生于叶腋，在茎枝上部排成疏而狭长的总状花序；花梗顶端有1对小苞片；花萼5深裂，裂片狭披针形；花冠紫红色，上唇直立，卵圆形，先端全缘或微凹，下唇3裂；前方2枚雄蕊仅1药室发育，后方2枚雄蕊的药室均发育。蒴果卵状锥形，顶端有短喙。种子长圆形，棕褐色。花果期7~10月。

生于山坡林缘、路旁草地及沟谷疏林中；常见。 叶含芳香油，具有祛风止痛、散瘀消肿、解毒止痒的功效。

来江藤属 *Brandisia* Hook. f. & Thomson

本属约有11种，主要分布于亚洲东部的亚热带地区。我国有8种；广西有4种；姑婆山有1种。

岭南来江藤 广东来江藤
Brandisia swinglei Merr.

直立或蔓性灌木。全株被灰褐色至浅黄绿色星状茸毛。叶片较宽大，常卵圆形或卵状长圆形。花除单生于叶腋外，尚有成双腋生的；花萼钟状，萼齿狭三角状卵形，先端渐狭成长尖头；花冠黄色，上唇2裂，先端不上翘。蒴果短于宿存萼裂片。花期6~11月，果期12月至翌年1月。

生于路旁及山顶、山坡林下；常见。 叶入药，外用于梅毒。

母草属 *Lindernia* All.

本属约有70种，主要分布于亚洲热带和亚热带地区，美洲和欧洲亦有。我国有29种；广西有19种；姑婆山有4种。

分种检索表

1. 前方1对雄蕊和后方1对雄蕊均能育······母草 *L. crustacea*
1. 前方1对雄蕊不育或退化，后方1对雄蕊能育。
 2. 退化雄蕊的花药不开裂。
  3. 叶片基部楔形并下延半抱茎，边缘有浅而不整齐的齿······泥花草 *L. antipoda*
  3. 叶片基部楔形但不下延抱茎，边缘有锐齿······旱田草 *L. ruellioides*
 2. 退化雄蕊的花药开裂······坚挺母草 *L. stricta*

泥花草 水辣椒
Lindernia antipoda (L.) Alston

一年生草本。全株无毛。茎幼时近直立，长大后基部常匍匐，节部常生根。叶对生；叶片长圆形、长圆状披针形或狭倒披针形，先端钝或罕有急尖，边缘有少数不明显的小齿。总状花序有花数朵至20朵；苞片钻形；花梗有条纹；花萼5深裂至基部，裂片长条状披针形；花冠紫色或白色；后方1对雄蕊能育，前方1对雄蕊退化。蒴果条形。花果期春季至秋季。

生于山坡林缘、路旁草丛中；常见。全草入药，具有清热解毒、祛瘀消肿的功效。

母草 小四方草、四方草

Lindernia crustacea (L.) F. Muell.

一年生矮小草本。全株无毛或疏被短毛。茎分枝多，成丛铺散，弯曲上升；茎表面有沟纹，略方形。花梗长1~3 cm；花萼坛状，明显5裂，裂齿三角状卵形；花冠紫色，上唇直立，2浅裂，下唇3裂，中裂片较大；雄蕊4枚，全育，二强。蒴果椭球形，与宿萼近等长。种子近球形，有整齐明显的瘤状突起。花果期6~10月。

生于沟谷、山坡林缘、路旁；常见。 全草入药，具有清热利尿、解毒的功效。

玄参科 Scrophulariaceae

旱田草 齿草、五月莲、车轮草

Lindernia ruellioides (Colsm.) Pennell

　　一年生草本。茎常分枝而长蔓，节上生根，近于无毛。叶片矩圆形至圆形，边缘除基部外密生整齐而急尖的细齿，但无芒刺，两面有粗糙的短毛或近于无毛。总状花序顶生，有花2~10朵；花冠紫红色。蒴果圆柱形。种子椭球形，褐色。花期6~9月，果期7~11月。

　　生于山坡草地、山谷林下或林缘路旁；常见。　全草入药，具有理气活血、消肿、解毒、止痛的功效，可用于经闭、月经不调、痛经、胃痛、红白痢疾、口疮、口角炎、乳腺炎、淋病、跌打损伤、痈肿疼痛、蛇及狂犬咬伤。

坚挺母草

Lindernia stricta P.C. Tsoong et T. C. Ku

　　草本。全株疏被硬毛。茎坚挺而直立，老枝常木质化，茎棱狭翅状。叶片三角状卵形至卵状披针形，先端短尖，基部宽楔形，边缘具小齿；无柄或有短柄。花单生于叶腋并在枝顶排成短总状花序；花萼基部连合，萼齿5枚，条状披针形，先端尾状渐尖；花冠上唇卵圆形，不裂，下唇3裂，裂片圆钝；前方1对雄蕊花药不发达，点状，后方1对雄蕊花药发育，药隔近端处有透明的翅。蒴果长圆状卵形，较宿萼短约1/3。花期6~9月，果期7~11月。

　　生于山谷或林缘路边荫蔽处；常见。　本种为广西特有种。

玄参科 Scrophulariaceae

通泉草属 *Mazus* Lour.

本属约有35种，分布于中国、印度、朝鲜、日本、俄罗斯、蒙古国，南到越南、菲律宾、印度尼西亚、马来西亚及大洋洲。我国约有25种；广西有7种；姑婆山有1种。

通泉草

Mazus pumilus (Burm. f.) Steenis

一年生草本。全株无毛或疏生短柔毛。基生叶有时排成莲座状或早落，叶片倒卵状匙形至卵状倒披针形，基部楔形，下延成带翅的叶柄，边缘具粗齿或基部有浅羽裂；茎生叶与基生叶相似。总状花序生于茎枝顶端；花白色、紫色或蓝色。蒴果球形。花果期4~10月。

生于沟谷、山坡及林缘路旁；常见。 全草入药，具有清热解毒、消炎消肿、利尿、止痛、健胃消积的功效，可用于偏头痛、消化不良、疔疮、脓疱疮、无名肿毒、烧烫伤、毒蛇咬伤等。

伏胁花属 *Mecardonia* Ruiz & Pav.

本属约有10种，分布于北美洲和南美洲。我国有1种；姑婆山亦有。

伏胁花

Mecardonia procumbens (Mill.) Small

多年生直立或铺散草本。植株干后变黑色。茎多分枝，无毛，有棱。叶对生；叶片边缘具齿，具腺点，基部渐狭而无柄。花腋生，苞片叶状；小苞片2枚，位于纤细花梗的基部，远短于苞片；萼片5枚，不等，外轮远大于内轮；花冠裂片短于花冠筒，近轴面多少连合，基部内面被毛；雄蕊排成唇状。蒴果椭球形或卵球形，顶端急尖，无毛，室间开裂，果瓣仅在顶端轻微开裂。种子多数，椭球形，具网纹，无翅。花果期6~12月。

生于沟谷、路旁草地；常见。

玄参科 Scrophulariaceae

泡桐属 *Paulownia* Sieb. & Zucc.

本属有7种，我国除东北北部、内蒙古、新疆北部、西藏等地区外均有分布。我国有6种；广西有3种；姑婆山有1种。

白花泡桐　白桐、饭桐子、通条木
Paulownia fortunei (Seem.) Hemsl.

乔木。幼枝、叶、叶柄、花序轴、花的各部分和幼果均被褐黄色星状茸毛，叶柄、花梗和叶的腹面渐变无毛。主干明显通直；树皮褐色。叶片长卵状或卵状心形；叶柄长达12 cm。圆锥花序较狭小，小聚伞花序有花3~8朵；花序梗与花梗近等长；花萼浅裂至1/4，倒圆锥形；花冠白色或紫色。花期3~4月，果期8~9月。

生于路旁、山坡密林中或林缘；少见。　木材可作高级家具、乐器、箱柜、工艺品及模型用材；亦适宜作庭园或行道绿化树种；幼枝和叶可作绿肥；花、叶可作猪饲料。

马先蒿属 *Pedicularis* L.

本属约有600种，产于北半球，极少数分布超越赤道，多数种类生于寒带及高山上。我国有352种；广西有2种1亚种；姑婆山有1亚种。

粗茎返顾马先蒿

Pedicularis resupinata subsp. *crassicaulis* (Vaniot ex Bonati) P. C. Tsoong

多年生草本。茎一般多粗壮坚挺，全身密被粗糙毛。叶密生，均茎出，互生，有时茎下部或中部的对生；叶片长2.5~3.5 cm，边缘胼胝不显著，两面无毛或有疏毛。花单生于茎枝顶端的叶腋中，无梗或有短梗；花冠淡紫红色，花冠筒自基部起即向右扭旋，喙短，顶端多少截形，下缘尖端伸出，略似双齿型；前面1对雄蕊花丝有毛；柱头伸出于喙端。蒴果短而粗。花期6~8月，果期7~9月。

生长于中山山地的湿润草地及林缘；罕见。　根入药，具有行气、止痛的功效，可用于腹部胀痛、胸肋胀满。

玄参科 Scrophulariaceae

蝴蝶草属 *Torenia* L.

本属约有50种，分布于亚洲和非洲热带地区。我国有10种；广西有8种；姑婆山有3种。

分种检索表

1. 花丝无附属物··紫萼蝴蝶草 *T. violacea*
1. 花丝具附属物。
　2. 花萼较粗短，在花期通常长不超过1.5 cm，在果期不超过2 cm；萼齿三角形；花冠裂片不具蓝色斑块··单色蝴蝶草 *T. concolor*
　2. 花萼较细长，在花期长1.5~2 cm，在果期长2.5~3 cm；萼齿钻状渐尖；花冠下唇3枚裂片各有一蓝色斑块··长叶蝴蝶草 *T. asiatica*

单色蝴蝶草　同色蓝猪耳、灯笼草
Torenia concolor Lindl.

　匍匐草本。茎具4条棱，节上生根。叶片三角状卵形或长卵形，稀卵圆形，基部宽楔形或近截形，边缘具齿或具带短尖的圆齿，无毛或疏被柔毛。花单朵腋生或顶生，稀排成伞形花序；花梗长 2~3.5 cm；花萼具 5 枚宽稍超过 1 mm 的翅，翅基部下延；花冠蓝色或蓝紫色；前方 1 对花丝各具 1 个长 2~4 mm 的线状附属物。花果期 5~11 月。

　生于林下、山谷或路旁；常见。　全草入药，具有清热解毒、利湿、止咳、和胃止呕、化瘀的功效。

婆婆纳属 *Veronica* L.

本属约有250种，广泛分布于全球，主要分布于欧亚大陆。我国有53种；广西有7种；姑婆山有4种。

分种检索表

直立婆婆纳

Veronica arvensis L.

小草本。茎直立或上升，不分枝或铺散分枝，有两列多细胞白色长柔毛。叶片卵形至卵圆形，边缘具圆齿或钝齿，两面被硬毛；茎下部的叶具短柄，茎上部的叶无柄。总状花序各部分被白色腺毛；下部的苞片长卵形且边缘疏具圆齿，上部的苞片长椭圆形且边缘全缘；花梗极短；花萼裂片条状椭圆形，前方2枚长于后方2枚；花冠蓝紫色或蓝色；雄蕊短于花冠。蒴果倒心形，边缘有腺毛。花期4~5月。

生于路边及荒野草地；少见。 外来入侵种；全草入药，具有消痰镇静、清热解毒的功效。

玄参科 Scrophulariaceae

蚊母草 侧桃草

Veronica peregrina L.

一年生小草本。披散状；全株无毛或疏被柔毛。叶片倒披针形至长圆形，边缘全缘或中上部有三角状疏齿；无柄。总状花序长而多花；苞片与叶同形而略小；花萼4裂，裂片狭披针形；花冠淡紫色或白色；雄蕊短于花冠。蒴果扁球形，顶端凹，宽大于长；宿存花柱不超过凹口。种子长圆形，无毛，扁平。花期3~5月。

生于沟谷、路旁荒地；常见。 外来入侵种；果常因虫瘿而肥大，带虫瘿的全草入药，可用于跌打损伤、淤血肿痛及骨折；嫩苗味苦，水煮可去苦味，可食。

阿拉伯婆婆纳　波斯婆婆纳

Veronica persica Poir.

　　铺散草本。全株被多细胞柔毛。茎多分枝。叶2~4对；叶片卵形或圆形，基部浅心形，先端平截或浑圆，边缘具钝齿，两面疏生柔毛；具短柄。总状花序很长；苞片互生，与叶同形且几乎等大；花冠蓝色、紫色或蓝紫色，裂片卵形至圆形，喉部疏被毛；雄蕊短于花冠。蒴果肾形，被腺毛，熟后几乎无毛，网脉明显，顶部凹口角度超过90°，宿存花柱长约2.5 mm，超出凹口。花期3~5月。

　　生于路边荒地；常见。　外来入侵种；全草入药，具有解热毒、治肾虚、祛风湿的功效，可用于肾虚腰痛、风湿疼痛、久疟、小儿阴囊肿大。

玄参科 Scrophulariaceae

水苦荬 水莴苣、水菠菜
Veronica undulata Wall.

　　一年生或多年生草本。全株无毛或于花序轴、花梗、花萼及蒴果有少许腺毛。茎直立或有时基部略倾斜。叶对生；叶片长圆状卵圆形至条状披针形，边缘全缘或具尖齿至波状齿；无柄。总状花序腋生，多花；苞片椭圆形，互生；花梗在果期挺直，横叉开，与花序轴几乎成直角；萼裂片4枚，狭椭圆形；花冠淡紫色或白色，裂片宽卵形；雄蕊2枚，短于花冠。蒴果近球形，顶端微凹。种子多数，长圆形，细小，扁平。花期4~9月。

　　生于水边及沼地；少见。　幼苗及叶可作蔬菜或饲料；带虫瘿果的全草入药，具有活血止血、解毒消肿的功效，可用于咽喉疼痛、肺结核出血、风湿疼痛、月经不调等，外用于骨折、痈疖肿毒。

253. 列当科 Orobanchaceae

本科有15属约150种，主产于北温带地区，少数产于非洲、大洋洲和美洲。我国有9属42种；广西有3属4种；姑婆山有2属2种。

分属检索表

1. 花萼筒状，顶端4~5浅裂···假野菰属 Christisonia
1. 花萼佛焰苞状，一侧开裂至近基部，顶端急尖或钝圆·····················野菰属 Aeginetia

野菰属 *Aeginetia* L.

本属有4种，产于亚洲东部和东南部。我国有3种；广西有2种；姑婆山有1种。

野菰 僧帽花、烟斗草、无叶莲

Aeginetia indica L.

一年生寄生性草本。茎黄褐色或紫红色。叶片肉红色，无毛。花常单生于茎端，稍俯垂；花梗粗壮，常直立，具紫红色的条纹；花冠带黏液，凋谢后变绿黑色，二唇形不明显，上唇裂片和下唇的侧裂片较短，下唇中间裂片稍大。蒴果圆锥状或长卵状球形。花期4~8月，果期8~10月。

生于山坡、路旁土层深厚、湿润及枯叶多的地方；常见。 全草入药，具有清热解毒、消肿、清热凉血的功效。

列当科 Orobanchaceae

假野菰属 *Christisonia* Gardner

本属约有16种，分布于亚洲热带地区。我国有1种；姑婆山亦有。

假野菰

Christisonia hookeri C. B. Clarke

肉质寄生小草本。常数株簇生。茎短，不分枝。叶片鳞片状卵形，螺旋状疏生于茎上。花2朵至数朵生于茎顶；苞片卵形或长圆形；花梗极短或近无梗；花萼筒状，顶端不规则的5浅裂，稀4浅裂，裂片三角形，不等大；花冠筒状，白色或淡紫色，顶端5裂；雄蕊4枚，着生于冠筒近基部，花丝上方2枚雄蕊的花药卵球形，1室发育，下方2枚雄蕊的花药1室发育而另1室退化成距状物，距状物端有小尖头；子房卵形，1室，胎座2个，花柱柱头盘状膨大。蒴果卵形。花期5~8月。

生于路旁、沟谷竹林下；少见。

254. 狸藻科 Lentibulariaceae

本科有3属约290种，广泛分布于全世界。我国有2属27种；广西有1属10种；姑婆山有3种。

狸藻属 *Utricularia* L.

本属约有220种，多数分布于亚洲、非洲、美洲及澳大利亚热带地区，少数分布于北温带地区。我国有25种；广西有10种；姑婆山有3种。

分种检索表

1. 花冠黄色···挖耳草 *U. bifida*
1. 花冠粉红色、淡紫色或白色。
　2. 苞片基部着生；捕虫囊口侧生，上唇具1个附属物··························钩突挖耳草 *U. warburgii*
　2. 苞片中部着生；捕虫囊口侧生，上唇2个分支的附属物具腺毛············圆叶挖耳草 *U. striatula*

挖耳草　二裂狸藻、金耳挖
Utricularia bifida L.

　　一年生陆生草本。假根少数，丝状分枝。叶器线状匙形，生于匍匐枝上，膜质，于花前期凋萎或花期宿存；捕虫囊生于叶器和匍匐枝上，扁球形。花序具数朵至10余朵疏离排列的花；花序梗圆柱形；小苞片线状披针形；花梗纤细，在果期下弯；花萼2深裂，于果期增大并包着蒴果；花冠黄色；雄蕊2枚；子房卵球形，花柱粗短，柱头下唇开裂。蒴果扁球形。种子多数，卵球形，种皮具网状突起。花期6~12月，果期7月至翌年1月。

　　生于水旁、山坡疏林下潮湿处；常见。　叶入药，可用于小儿发疹；全草入药，可用于中耳炎。

狸藻科 Lentibulariaceae

圆叶挖耳草 圆叶狸藻

Utricularia striatula J. E. Sm.

　　陆生小草本。叶器多数，于花期宿存，簇生成莲座状和散生于匍匐枝上，倒卵形、圆形或肾形，具细长的假叶柄，无毛；具二叉分支的脉；捕虫囊口侧生，上唇具2叉分支并疏生腺毛的附属物，下唇无附属物。花序直立，上部具1~10朵疏离的花，无毛；花冠白色、粉红色或淡紫色，喉部具黄斑，上唇先端具2齿，下唇先端多少3~5浅裂。蒴果斜倒卵球形，腹背扁。种子梨形或倒卵球形，种脐突出。花期6~10月，果期7~11月。

　　生于山坡草地及沟谷、水旁；常见。

钩突挖耳草

Utricularia warburgii K. I. Goebel

一年生陆生植物。叶器多数，从花序梗基部和匍匐茎节点长出；叶片狭倒卵形或楔形，膜质，边缘全缘，无毛；叶脉1条；捕虫囊长在匍匐茎和叶器上，卵球形，囊口侧生，边缘具多数具柄腺体，具附属物1个；附属物背部着生，狭长圆状倒卵形，喙状。花序直立，有花1~6朵；花序梗圆柱形；苞片与鳞片相似，均基部着生，卵形，边缘具细齿；小苞片椭圆形，稍短于苞片；花萼裂片相等；花冠淡蓝紫色；距钻形。蒴果球形或椭球形。花期5~9月，果期7~10月。

生于沟谷、草地、山坡林下；常见。

256. 苦苣苔科 Gesneriaceae

本科约有150属3700种，主要分布于亚洲、美洲及欧洲南部，少数分布于大洋洲及南美洲北部。我国有44属约671种；广西有32属约233种；姑婆山有4属7种。

分属检索表

1. 直立灌木或攀缘灌木。
  2. 果为浆果，近球形·····················线柱苣苔属 *Rhynchotechum*
  2. 果为蒴果，线形·····················吊石苣苔属 *Lysionotus*
1. 多年生草本，有茎或无茎。
  3. 能育雄蕊4枚·····················马铃苣苔属 *Oreocharis*
  3. 能育雄蕊2枚·····················报春苣苔属 *Primulina*

报春苣苔属 *Primulina* Buch.-Ham. ex D. Don

本属约有200种，分布于中国及中南半岛。我国有180种；广西有104种7变种；姑婆山有2种。

分种检索表

1. 叶片羽状分裂·····················羽裂报春苣苔 *P. pinnatifida*
1. 叶片不分裂·····················蚂蟥七 *P. fimbrisepala*

羽裂报春苣苔 石岩菜

Primulina pinnatifida (Hand.-Mazz.) Yin Z. Wang

多年生草本。叶片草质，长圆形或披针形，不规则羽状浅裂，两面疏被短伏毛；叶柄扁。花序具1~4朵花；苞片长圆形或卵形；花冠紫色或淡紫色。花期5~9月。

生于山谷林中石上或溪边；少见。 全草入药，可用于跌打损伤；花美丽，可作为园林景观花卉。

蚂蟥七 岩蚂蟥、石螃蟹

Primulina fimbrisepala (Hand.-Mazz.) Yin Z. Wang

多年生草本。根状茎粗。叶均基生；叶片草质，两侧不对称，卵形、宽卵形或近圆形，边缘具小齿或粗齿，腹面密被短柔毛并散生长糙毛，背面疏被短柔毛。聚伞花序1~7枝，每枝具1~5朵花；花冠淡紫色或紫色。蒴果长6~8 cm，被短柔毛。种子纺锤形，长6~8 mm。花期3~4月。

生于山地林中石上或石崖上，或山谷溪边；常见。　根状茎入药，具有健脾消食、清热利湿、活血止痛、止咳、接骨的功效，可用于小儿疳积、胃痛、肝炎、痢疾、肺痨咳血、刀伤出血、无名肿毒、跌打损伤。

苦苣苔科 Gesneriaceae

吊石苣苔属 *Lysionotus* D. Don

本属约有30种，印度北部、尼泊尔向东经中国、泰国及越南北部到日本南部均有分布。我国有28种；广西有10种1变种；姑婆山有1种。

吊石苣苔

Lysionotus pauciflorus Maxim.

小灌木。茎分枝或不分枝，无毛或上部疏被短毛。叶对生或3~5叶轮生；叶片革质，形状变化大，线形、线状倒披针形、狭长圆形或倒卵状长圆形，边缘在中部以上具齿；有短柄或近无柄。花序有1~2朵花；花冠漏斗状，白色中带有紫色。蒴果线形，无毛。种子纺锤形。花期7~10月，果期9~11月。

生于山地沟谷崖石上或树干上；少见。 地上部分入药，具有清热解毒、利湿、祛痰止咳、活血调经、凉血止血、消食化滞、通络止痛的功效。

马铃苣苔属 *Oreocharis* Benth.

本属约有156种，分布于中国西部和南部以及泰国、缅甸、越南。我国有122种；广西有16种2变种；姑婆山有3种。

分种检索表

1. 花黄色，花冠檐部4裂···姑婆山马铃苣苔 *O. tetraptera*
1. 花紫色。
 2. 花冠喉部缢缩，近基部稍膨大，檐部裂片狭长圆形·······················长瓣马铃苣苔 *O. auricula*
 2. 花冠喉部不缢缩，檐部裂片近圆形·······································大叶石上莲 *O. benthamii*

长瓣马铃苣苔

Oreocharis auricula (S. Moore) C. B. Clarke

多年生草本。叶片长圆状椭圆形，先端微尖或钝，基部圆形、稍心形或近楔形，边缘具钝齿至近全缘，腹面被贴伏短柔毛，背面被淡褐色绢状绵毛至近无毛；侧脉每边7~9条，在背面被绢状绵毛。聚伞花序2次分枝；花冠蓝紫色，冠筒近圆筒状，檐部5裂片近相等。花期6~8月，果期8~10月。

生于路旁、山坡林下阴处石崖上；常见。 全草入药，具有清热解毒、凉血止血的功效；花鲜艳美丽，可作为园林景观花卉。

苦苣苔科 Gesneriaceae

姑婆山马铃苣苔

Oreocharis tetraptera F. Wen, B. Pan & T. V. Do

多年生草本。根状茎不明显。基生叶排成莲座状；叶片卵形至宽椭圆形，先端钝形至圆形，边缘两侧各具圆齿，腹面密被近直立白毛；叶柄圆筒状，疏生或密被卷曲棕色短柔毛。聚伞花序腋生；花梗具浓密短柔毛；花萼4裂，裂片线形；花冠二唇形，冠筒宽漏斗状，裂片长圆形；雄蕊2枚，花丝线形；子房圆柱形，花柱无毛，柱头2裂，裂瓣扇形。蒴果线形。花期8月，果期10月。

生于山坡林下、沟边的石壁上；罕见。　姑婆山特有种；花美丽，可作为园林景观花卉。

姑婆山马铃苣苔

线柱苣苔属 *Rhynchotechum* Blume

本属约有14种，分布于亚洲热带地区。我国有6种；广西有4种；姑婆山有1种。

线柱苣苔

Rhynchotechum obovatum (Griff.) B. L. Burtt

亚灌木。茎不分枝。叶对生；叶片纸质，倒披针形或长椭圆形，边缘有小牙齿，幼时两面密被锈色柔毛，长大后腹面变无毛，背面脉上的毛宿存；侧脉13~26对，近平行；具柄。聚伞花序1~2条生于叶腋；花冠白色或带粉红色，无毛。浆果白色，宽卵球形。花期6~10月。

生于山谷林中或溪边阴湿处；少见。 全草入药，具有清肝、解毒的功效，可用于疮疖；叶、花入药，可用于咳嗽、烧烫伤。

259. 爵床科 Acanthaceae

本科约有220属4 000种，广泛分布于热带和亚热带地区。我国有35属304种；广西有34属128种；姑婆山有6属12种。

分属检索表

1. 花冠裂片旋转排列··紫云菜属 *Strobilanthes*
1. 花冠裂片覆瓦状排列。
　2. 雄蕊4枚。
　　3. 花冠筒圆柱形，冠檐裂片近相等··························叉柱花属 *Staurogyne*
　　3. 花冠筒非圆柱形，冠檐略呈二唇形，裂片不相等·········白接骨属 *Asystasiella*
　2. 雄蕊2枚。
　　4. 子房每室具胚珠3颗至多数；蒴果具种子6粒至多数·········水蓑衣属 *Hygrophila*
　　4. 子房每室具胚珠2颗；蒴果具种子4粒。
　　　5. 花萼4裂···爵床属 *Justicia*
　　　5. 花萼5裂···狗肝菜属 *Dicliptera*

白接骨属 *Asystasiella* Lindau

本属约有3种，分布于非洲和亚洲的热带地区。我国仅有1种；姑婆山亦有。

白接骨

Asystasia neesiana (Wall.) Nees

多年生草本。茎略呈四棱柱形，具沟槽，沿沟被柔毛或近无毛。叶片基部狭，下延至叶柄，边缘微波状至具浅齿；侧脉6~8对，在两面突起，疏被柔毛；叶柄无毛或疏被柔毛。总状花序顶生，不分枝或基部有分枝；花序轴疏被腺毛；花冠淡紫红色，外面疏生腺毛，冠檐二唇形，上唇2裂，下唇3裂。蒴果长椭球形，长1.8~2.5 cm。花期8~9月。

生于山坡、路旁林下或灌丛中；常见。 全草入药，具有清热解毒、活血止血、利尿的功效，可用于外伤出血、骨折、扭伤、疔肿、腹水、糖尿病等。

爵床科 Acanthaceae

狗肝菜属 *Dicliptera* Juss.

本属约有100种，分布于热带和亚热带地区。我国约有4种；广西有1种；姑婆山亦有。

狗肝菜 华九头狮子草、路边青

Dicliptera chinensis (L.) Juss.

　　一年生或二年生草本。茎下部铺散，上部直立，四棱柱形；枝条具6条钝棱和6条浅沟，棱绿色，节部被疏柔毛。叶片纸质，卵形、阔卵形或卵状椭圆形，先端短渐尖，边缘全缘，两面近无毛或背面中脉疏被柔毛；侧脉3~5对，在背面突起；叶柄具沟槽，具2列柔毛。聚伞花序腋生或顶生，边缘被柔毛；花萼5裂，裂片条形，外面疏被糙毛，边缘被长睫毛；花冠粉红色。蒴果阔卵形，疏被柔毛。种子4粒，近球形。花期秋季。

　　生于路旁、沟谷、山坡疏林中；常见。　全草入药，具有清热解毒、凉血生津、利尿消肿、平肝明目的功效。

水蓑衣属 *Hygrophila* R. Br.

本属约有80种，广泛分布于热带和亚热带地区。我国有6种；广西有5种；姑婆山有1种。

小叶水蓑衣

Hygrophila erecta (Burm.f.) Hochr.

多年生草本。茎、枝、叶片两面、苞片和花萼背面均被白色具节硬毛和白色钟乳体。茎下部匍匐，茎上部和枝具沟。叶同对等大；叶片椭圆形至狭长圆状椭圆形，无叶柄。花簇生于茎和小枝上部叶腋，无花序梗；苞片长圆状披针形，具长缘毛；花萼5裂至近基部，裂片线状披针形，被长缘毛；花冠淡紫色或白色，外面被微毛；雄蕊4枚，二强。蒴果外面无毛。花期9~10月。

生于山坡路旁荫蔽处；少见。

爵床属 *Justicia* L.

本属约有700种，分布于热带和亚热带地区。我国约有43种；广西有23种；姑婆山有4种。

分种检索表

1. 花萼4裂···爵床 *J. procumbens*
1. 花萼5裂。
　2. 花排成腋生的密集聚伞花序·······································杜根藤 *J. quadrifaria*
　2. 花排成多少伸长的腋生或顶生的穗状花序或复穗状花序。
　　3. 植株高达2 m；叶片长16~26 cm，宽7.5~9.5 cm，基部急尖，向下变狭······野靛棵 *J. patentiflora*
　　3. 植株矮小；叶片长3.5~14 cm，宽2~6 cm，基部浅心形或近截平·······广东爵床 *J. lianshanica*

广东爵床

Justicia lianshanica (H. S. Lo) H. S. Lo

　　草本。茎基部匍匐生根，通常不分枝。叶片薄纸质，卵形，先端钝，基部浅心形或近截平，边缘浅波状或近全缘，两面无毛或背面脉上生疏毛；叶柄被柔毛。穗状花序顶生，不分枝，密被柔毛；苞片对生，钻状披针形，被柔毛；小苞片卵状披针形，亦被柔毛；花萼裂片5枚，近披针形；花冠黄色，有紫斑，冠筒向上渐扩大，冠檐二唇形，上唇直立，三角形，下唇阔大、伸展，裂片先端圆；雄蕊2枚，花药2室；柱头钝，浅2裂。花期5~7月。

　　生于路旁、山坡林下；少见。

爵床 鼠尾红、六角英、消血草

Justicia procumbens L.

　　一年生草本。植株高20~50 cm。茎基部匍匐。叶片椭圆形至椭圆状长圆形，长1.5~3.5 cm，宽1.3~2 cm。穗状花序顶生或生于茎上部叶腋；苞片1枚，小苞片2枚，均披针形，有缘毛；花萼裂片4枚；花冠粉红色，二唇形，下唇3浅裂。蒴果长约5 mm。种子表面有瘤状皱纹。花期8~11月，果期10~11月。

　　生于山坡、路旁、草地；常见。　全草入药，具有清热解毒、利尿消肿、利湿消滞、活血止痛的功效。

爵床科 Acanthaceae

杜根藤 赛爵床、西南杜根藤、中华赛爵床

Justicia quadrifaria (Nees) T. Anderson

　　草本。茎基部匍匐，节上生根，上部直立，四棱柱形，幼时被短柔毛。叶片披针形，先端渐尖，基部狭楔形，下延至叶柄，边缘全缘或具不明显疏齿；侧脉5~7对；叶柄疏被柔毛。聚伞花序腋生，簇生状，具花1朵至数朵；苞片卵形或倒卵形；小苞片线形，无毛；花萼5裂，裂片线状披针形，具1~2脉，脉绿色，其余部分黄白色；花冠白色，具红色斑点；雄蕊2枚，花药2室；子房无毛，花柱疏被柔毛。蒴果倒长卵形，无毛。种子卵形，无毛，具小瘤状突起。花期夏秋季。

　　生于路旁及沟谷、山坡疏林中；常见。　　全草入药，具有清热解毒、散瘀消肿、活血通络的功效，可用于口舌生疮、时行热毒、丹毒、黄疸等。

叉柱花属 *Staurogyne* Wall.

本属约有140种，分布于美洲、非洲和亚洲热带地区，尤以马来西亚为多。我国有17种；广西有4种；姑婆山有1种。

弯花叉柱花　叉柱花、红背菜
Staurogyne chapaensis Benoist

草本。茎短缩，被柔毛。叶排成莲座状；叶片卵形或卵状矩圆形，基部心形，边缘全缘或具不明显波状，先端钝，腹面绿色，背面灰绿色；叶柄被柔毛。总状花序腋生或顶生；苞片卵形或卵状长圆形；小苞片着生于花梗上部，条状匙形，先端钝；花梗被柔毛；花萼裂片5枚，前裂片和后裂片线状匙形或匙形，两侧裂片线形；花冠淡蓝紫色，裂片5枚，卵形；能育雄蕊4枚，长雄蕊花丝被毛，短雄蕊花丝无毛；子房椭球形，花柱无毛，柱头2裂，前裂瓣大，后裂瓣小。蒴果长圆柱形，顶端尖。花期3~5月，果期7~9月。

生于路旁、山坡密林下；常见。

爵床科 Acanthaceae

紫云菜属 *Strobilanthes* Blume

本属约有400种，分布于亚洲热带地区。我国有118种；广西有38种；姑婆山有4种。

分种检索表

1. 穗状花序短缩成头状，花序梗长；苞片早落；长的1对雄蕊不等长，短的1对雄蕊花丝反折；花药球形···**球花马蓝** *S. dimorphotricha*
1. 穗状花序伸长，花序梗长或短；苞片宿存，稀早落；长的1对雄蕊等长，短的1对雄蕊花丝不反折；花药椭球形。
  2. 苞片彼此疏离，不呈覆瓦状排列；花彼此疏离。
    3. 花冠外面被毛···**曲枝假蓝** *S. dalzielii*
    3. 花冠外面无毛···**翅柄马蓝** *S. atropurpurea*
  2. 苞片彼此紧密叠生而呈覆瓦状排列；花密集，花序短穗状，稀伸长·········**海南马蓝** *S. anamitica*

翅柄马蓝 三花马蓝
Strobilanthes atropurpurea Nees

多年生草本。茎下部稍木质化，节上生根，多分枝，四棱柱形，或在棱上疏被柔毛。同一节上的叶不等大；叶片卵形至椭圆状卵形，先端长渐尖，基部楔形，渐狭，下延至叶柄成翅状，边缘具4~6个圆齿，密布细条状钟乳体。穗状花序呈"之"字形曲折；苞片叶状，卵圆形或近心形；小苞片条形或匙形，早落；花萼在果期时增大，5枚，裂片条形；花冠淡紫色或蓝紫色，5裂；雄蕊4枚，二强；子房每室有胚珠2颗。蒴果近顶端有疏柔毛。种子卵形。花期7~8月。

生于山坡疏林、路旁；常见。 叶入药，具有清热解毒、活血止痛的功效，可用于无名肿毒。

曲枝假蓝 曲枝马蓝、疏花马蓝、叉开紫云菜
Strobilanthes dalzielii (W. W. Sm.) Benoist

多年生草本。茎直立，枝常"之"字形曲折。同一节上的叶极不相等；叶柄具沟；叶片纸质或近膜质，卵形至卵状披针形，基部近圆形，先端渐尖或急尖，边缘有齿，背面淡绿色。穗状花序顶生或腋生，具花2~5朵，花稀疏；花序轴纤细，常呈"之"字形曲折；小苞片线形；花萼5裂，裂片线形；花冠淡紫色或白色，檐部5裂，裂片近圆形；雄蕊4枚，二强，花药卵形；子房2室，每室具2颗胚珠。蒴果条状长圆形，顶端急尖，内有卵形种子4粒。花期10~11月。

生于水旁、山坡疏林中；常见。 全草入药，可用于毒蛇咬伤；根、叶入药，具有清热解毒、活血止痛的功效。

爵床科 Acanthaceae

球花马蓝 两广马蓝、圆苞金足草、腺萼马蓝

Strobilanthes dimorphotricha Hance

　　草本。叶不等大，上部各对一大一小；叶片椭圆形、椭圆状披针形，先端长渐尖，基部楔形渐狭，边缘具齿或柔软胼胝狭齿，两面有不明显的钟乳体，无毛。花序头状，近球形，为苞片所包覆；花冠紫红色，先端微凹。蒴果长圆状棒形，有腺毛。种子4粒，有毛。花期9~10月。

　　生于路旁及山坡、沟谷、疏林中；常见。　　全株入药，具有滋肾养阴、清热泻火的功效，可用于肝炎、风湿关节痛、蛇咬伤、咽喉肿痛、骨折。

球花马蓝 两广马蓝、圆苞金足草、腺萼马蓝

Strobilanthes dimorphotricha Hance

263. 马鞭草科 Verbenaceae

本科约有91属2 000种，分布于热带和亚热带地区，少数延至温带地区。我国有21属175种31变种；广西有16属85种15变种；姑婆山有6属19种3变种，其中1属1种为栽培种。

分属检索表

1. 草本···马鞭草属 *Verbena*
1. 乔木、灌木或蔓性灌木。
  2. 茎常具皮刺；同一花序上的花具多种颜色·························马缨丹属 *Lantana*
  2. 茎常无皮刺；同一花序上的花色相同。
   3. 花序腋生···紫珠属 *Callicarpa*
   3. 花序多为顶生。
    4. 花较大，长1.5 cm以上；花萼常具大的腺体··················大青属 *Clerodendrum*
    4. 花较小，长不及1.3 cm；花萼常无腺体··················豆腐柴属 *Premna*

紫珠属 *Callicarpa* L.

本属约有140种，主要分布于亚洲和大洋洲的热带和亚热带地区，少数分布于北美洲和南美洲。我国有48种；广西有24种7变种；姑婆山有9种3变种。

分种检索表

1. 植物体被钩状小糙毛···钩毛紫珠 *C. peichieniana*
1. 植物体被分支毛、星状毛或单毛，稀近无毛。
  2. 花萼管状，深4裂至中部以下；果几乎被花萼所包藏··············枇杷叶紫珠 *C. kochiana*
  2. 花萼杯状或钟状，在中部以上具深浅不等4裂至截头状；果裸露于花萼外。
   3. 花丝通常短于花冠，花冠多为白色·····························广东紫珠 *C. kwangtungensis*
   3. 花丝通常长于花冠，花冠紫色至红色。
    4. 聚伞花序通常较大，宽4~9 cm；花序梗长通常超过3 cm，且粗壮（仅大叶紫珠 *C. macrophylla* 的花序梗长有时不及3 cm，但粗壮）。
     5. 叶片边缘全缘；蔓性灌木·····························藤紫珠 *C. integerrima* var. *chinensis*
     5. 叶片边缘具齿；灌木·····································大叶紫珠 *C. macrophylla*
    4. 聚伞花序较小，宽不超过4 cm；花序梗长不超过3 cm，通常较纤细。
     6. 叶片基部楔形、钝或圆形，但不为心形，中部以上渐狭。
      7. 叶片背面密被绵毛，显著较腹面的毛密；萼齿尖锐，长0.5~1 mm··尖萼紫珠 *C. loboapiculata*
      7. 叶片背面被星状短毛或长毛，通常不为绵毛状，或被毛稀疏而近于无毛。
       8. 花萼无毛···白棠子树 *C. dichotoma*
       8. 花萼有毛。
        9. 子房被细毛；叶片披针形·····················披针叶紫珠 *C. longifolia* var. *lanceolaria*
        9. 子房无毛；叶片卵状椭圆形或椭圆形·····················杜虹花 *C. pedunculata*

6. 叶片基部心形或近耳形，中部以上最宽。

  10. 萼齿尖锐，齿长1~2 mm；叶有明显的柄，柄长0.5~0.8 cm·······················

···**长柄紫株** *C. longipes*

  10. 萼齿钝三角形，长不超过0.5 mm；叶柄极短或近无柄。

    11. 小枝、花序和叶片背面均被星状柔毛·····················**红紫珠** *C. rubella* var. *rubella*

    11. 小枝、花序和叶片均无毛·····················**秃红紫珠** *C. rubella* var. *subglabra*

白棠子树

Callicarpa dichotoma (Lour.) K. Koch

    小灌木。茎分枝多，幼枝被星状毛。叶片倒卵形或卵状披针形，先端急尖或尾状尖，基部楔形，上部边缘具粗齿，背面无毛，密生细小黄色腺点；侧脉5~6对；叶柄长不超过5 cm。聚伞花序着生于叶腋上方，2~3次分歧；花序梗长约1 cm，略有星状毛；花冠紫色。果球形，紫色。花期5~6月，果期7~11月。

    生于山坡林缘、路旁灌丛中；少见。   根、茎、叶入药，具有收敛止血、祛风除湿的功效，可用于吐血、咯血、衄血、便血、崩漏、创伤出血。

藤紫珠

Callicarpa integerrima var. *chinensis* (C. P'ei) S. L. Chen

藤本或蔓性灌木。幼枝、叶柄和花序梗均被黄褐色星状毛和分枝茸毛。老枝圆柱形，无毛。叶片宽椭圆形或宽卵形，先端急尖至渐尖，基部宽楔形或浑圆，边缘全缘，背面被黄褐色星状毛和细小黄色腺点；侧脉6~9对，主脉、侧脉和细脉在背面均隆起。聚伞花序6~8次分歧；花序梗长2~5 cm；花梗无毛；花萼无毛，有细小黄色腺点；花冠紫红色至蓝紫色。果紫色。花期5~7月，果期8~11月。

生于山坡、沟谷、路旁；常见。 全株入药，可用于泄泻、感冒发热、风湿痛。

马鞭草科 Verbenaceae

枇杷叶紫珠　长叶紫珠、山枇杷、野枇杷
Callicarpa kochiana Makino

　　灌木。小枝、叶柄与花序均密生分枝茸毛。叶片长椭圆形、卵状椭圆形或长椭圆状披针形，先端渐尖或锐尖，基部楔形，边缘具齿，腹面无毛或疏被毛，两面均被不明显的黄色腺点，侧脉在叶背隆起。聚伞花序；花近无梗，密集于分枝的顶端；花萼管状，被茸毛，萼齿线形或锐尖狭长三角形；花冠淡红色或紫红色；雄蕊伸出花冠筒外；花柱长于雄蕊，柱头膨大。果球形，几乎包藏于宿存萼内。花期7~8月，果期9~12月。

　　生于山坡、路旁；常见。　根、叶、果入药，具有清热、收敛、止血的功效；根或茎叶入药，具有祛风除湿、活血的功效。

广东紫珠

Callicarpa kwangtungensis Chun

灌木。植株高约2 m。幼枝常带紫色，老枝黄灰色。叶片狭椭圆状披针形、披针形或线状披针形，长15~26 cm，宽3~5 cm，两面通常无毛，背面密生明显的细小黄色腺点。聚伞花序宽2~3 cm，3~4次分歧，具稀疏的星状毛；花白色或带紫红色。果球形，直径约3 mm。花期6~7月，果期8~10月。

生于路旁及沟谷、山坡疏林中；常见。 根、茎、叶入药，具有止痛、止血的功效，可用于胸痛、吐血、偏头痛、胃痛、外伤出血。

尖萼紫珠

Callicarpa loboapiculata. Metcalf

灌木。小枝、叶柄和花序均密生黄褐色分枝茸毛。叶片椭圆形，先端渐尖，基部楔形，边缘有浅齿，腹面初有星状毛和分枝毛，后脱落，仅脉上有毛，背面密生黄褐色星状毛和分枝茸毛，两面均有细小黄色腺点；叶柄粗壮。聚伞花序；花序梗粗壮；苞片细小；花萼钟状，稍被星状毛或无毛，萼齿急尖；花冠紫色，顶端4裂，裂片常有毛；花药椭球形，药室纵裂。果具黄色腺点，无毛。花期7~8月，果期9~12月。

生于山坡、谷地溪旁疏林中或林缘路旁；常见。 叶入药，可外用于体癣。

尖萼紫珠

Callicarpa loboapiculata. Metcalf

披针叶紫珠

Callicarpa longifolia var. *lanceolaria* (Roxb.) C. B. Clarke

灌木。小枝、叶柄和花序均被黄褐色星状茸毛。小枝稍四棱柱形。叶片披针形，先端尖或尾状尖，基部楔形或下延成狭楔形，两面除中脉有微毛外其余无毛，密生细小黄色腺点。聚伞花序宽2~3 cm，4~5次分歧；花序梗纤细；花萼杯状，被灰白色细毛，萼齿不明显或近截形；花冠紫色。果球形，被毛。花期5~8月，果期8~12月。

生于山坡林缘、路旁；常见。

马鞭草科 Verbenaceae

长柄紫珠

Callicarpa longipes Dunn

灌木。小枝棕褐色，被多细胞腺毛和单毛。叶片倒卵状椭圆形至倒卵状披针形，先端急尖至尾尖，基部心形，稍偏斜，边缘具三角状的粗齿，两面被多细胞单毛，背面有细小黄色腺点；侧脉8~10对。聚伞花序3~4次分歧，被毛与小枝的相同；花有短梗；花萼钟状，被腺毛及单毛，萼齿急尖或锐三角形；花冠红色，疏被毛；雄蕊长约为花冠的2倍；子房无毛。果球形，紫红色。花期6~7月，果期8~12月。

生于山坡路旁灌丛或疏林中；少见。　叶入药，具有祛风除湿、止血、镇痛的功效，可用于咳血、鼻出血、创伤出血。

长柄紫珠

Callicarpa longipes Dunn

钩毛紫珠

Callicarpa peichieniana H. Ma & W. B. Yu

　　灌木。小枝圆柱形，细弱，密被钩状小糙毛和黄色腺点。叶片菱状卵形或卵状椭圆形，先端尾尖或渐尖，基部宽楔形或钝圆，边缘上半部疏生小齿，两面无毛，密被黄色腺点；侧脉4~5对；叶柄极短或无柄。聚伞花序；花序梗纤细，被毛与小枝的相同；花萼杯状，顶端截平，被黄色腺点；花冠紫红色，被细毛和黄色腺点；花柱长于雄蕊。果球形，熟时紫红色，具4个分核。花期6~7月，果期8~11月。

　　生于林下或林缘路旁；常见。　　叶入药，可用于感冒、外伤出血。

马鞭草科 Verbenaceae

秃红紫珠

Callicarpa rubella var. *subglabra* (C. P'ei) H. T. Chang

灌木。植株高约2 m。小枝、叶片、花序、花萼和花冠均无毛。叶片倒卵形或倒卵状椭圆形，先端尾尖或渐尖，基部心形，有时偏斜。聚伞花序宽2~4 cm；花序梗长可达4 cm；花萼被星状毛或腺毛，具黄色腺点；花冠紫红色、黄绿色或白色。果紫红色。花期6~7月，果期7~9月。

生于山坡、沟谷疏林中或林缘路旁；常见。

秃红紫珠

Callicarpa rubella var. *subglabra* (C. P'ei) H. T. Chang

大青属 *Clerodendrum* L.

本属约有400种，分布于热带和亚热带地区，少数分布于温带地区，主产于东半球。我国约有34种6变种；广西有18种4变种；姑婆山有5种。

分种检索表

1. 叶片长圆形或卵状披针形，长为宽的4倍以上。
  2. 叶片先端渐尖呈尾状弯曲；花冠筒长2~3 cm；花萼长6~7 mm·········**广东大青** *C. kwangtungense*
  2. 叶片先端渐尖不呈尾状弯曲；花冠筒长约1 cm；花萼长3~4 mm············**大青** *C. cyrtophyllum*
1. 叶片卵形、宽卵形、椭圆形、心形，长为宽的1~2倍。
  3. 聚伞花序紧密排成头状。
    4. 植株密被平展的长柔毛；花萼边缘重叠，外面无盘状腺体··············**灰毛大青** *C. canescens*
    4. 植株密被柔毛、茸毛或节状腺毛；花萼边缘不重叠，外面常具盘状腺体········**臭牡丹** *C. bungei*
  3. 聚伞花序疏展，不排成头状···**海通** *C. mandarinorum*

大青 鸡屎青、路边青
Clerodendrum cyrtophyllum Turcz.

灌木或小乔木。叶片椭圆形至长圆状披针形，边缘全缘，两面无毛或沿脉疏生短柔毛，背面常有腺点；侧脉6~10对。伞房状聚伞花序；花小，有橘香味；花冠白色，萼杯状且结果后增大，雄蕊与花柱均伸出花冠外。果近球形，熟时蓝紫色，为红色的宿存萼所托。花果期6月至翌年2月。

生于路旁、山坡疏林中；常见。 根、枝、叶入药，具有清热解毒、通经活络、祛风除痹、利水的功效。

马鞭草科 Verbenaceae

海通

Clerodendrum mandarinorum Diels

　　灌木或乔木。幼枝略呈四棱柱形，髓具明显的黄色薄片状横隔。叶片近革质，卵状椭圆形、卵形、宽卵形至心形，腹面绿色，被短柔毛，背面密被灰白色茸毛。伞房状聚伞花序顶生，分枝多；花萼小，钟状，密被短柔毛和少数盘状腺体，萼齿钻形；花冠白色或偶为淡紫色，外被短柔毛，花冠筒纤细，裂片长圆形；雄蕊及花柱伸出花冠外。核果近球形。花果期7~12月。

　　生于山坡林中或林缘；少见。　　根、枝、叶入药，具有清热解毒、通经活络、祛风除痹、利水的功效。

马缨丹属 *Lantana* L.

本属约有150种，主产于美洲热带地区。我国有2种；广西有1种；姑婆山亦有。

马缨丹

Lantana camara L.

灌木。茎枝均四棱柱形，常有倒钩状刺。单叶对生；叶片卵形至卵状长圆形，先端急尖或渐尖，基部心形或楔形，边缘有钝齿，腹面有粗糙的皱纹和短柔毛，背面有小刚毛。花序直径1.5~2.5 cm；花序梗粗壮；苞片披针形，长为花萼的1~3倍，外部有粗毛；花萼管状，顶端有极短的齿；花冠黄色或橙黄色，开花后不久转为深红色，花冠筒内外两面均有细短毛。果圆球形。花期全年。

生于路旁；少见。　外来入侵种；花美丽，我国各地庭园常栽培供观赏；根、叶、花入药，具有清热解毒、散结止痛、祛风止痒的功效。

马鞭草科 Verbenaceae

豆腐柴属 *Premna* L.

　　本属约有200种，主产于亚洲及非洲热带地区，少数种延至亚热带地区。我国约有46种；广西有15种2变种；姑婆山有2种。

分种检索表

1. 叶片卵圆形，较大，宽5~9 cm，基部截平或心形······黄药 *P. cavaleriei*
1. 叶片卵状披针形，较小，宽1.5~6 cm，基部下延成翅······豆腐柴 *P. microphylla*

黄药　大叶豆腐木

Premna cavaleriei H. Lév.

　　小乔木至乔木。树皮暗灰色；小枝圆柱形，幼时赤褐色，密生短茸毛，老后变无毛，有细小椭圆形皮孔。叶片薄纸质，卵形或卵状长椭圆形，同对叶常不同形，边缘全缘，先端渐尖至钝，基部阔楔形、圆形、截平或近心形；叶柄疏被茸毛或近无毛，同对叶柄常不等长。圆锥状聚伞花序顶生，密生茸毛，有疏散展开的分枝；花萼钟状，顶端5裂，裂齿钝三角形；花冠外面疏生茸毛和密生腺点，花冠内面喉部密生长柔毛；雄蕊4枚，2长2短；子房顶端密生黄色腺点。核果卵球形。花果期5~7月。

　　生于路旁、山坡密林中；少见。

豆腐柴 臭辣树、鸡屎泡
Premna microphylla Turcz.

直立灌木。叶被揉后有臭味；叶片卵状披针形、椭圆形或倒卵形，基部渐狭窄，下延至叶柄两侧，边缘全缘至有不规则粗齿，两面均无毛至有短柔毛。聚伞花序排成顶生塔形的圆锥花序；花萼杯状；花冠淡黄色，外面有柔毛和腺点，内面有柔毛，以喉部的较密。核果紫色，球形至倒卵形。花果期5~10月。

生于山坡林下或林缘；少见。 叶可用于制作豆腐；根、茎、叶入药，具有清热解毒、消肿止血的功效，可用于毒蛇咬伤、无名肿毒、创伤出血。

马鞭草属 *Verbena* L.

本属约有250种，主要分布于美洲热带至温带地区。我国有1种；姑婆山亦有。

马鞭草

Verbena officinalis L.

多年生草本。茎四棱柱形，节和棱上均有硬毛。叶片卵圆形至倒卵形或长圆状披针形，基生叶的边缘通常有粗齿和缺刻，茎生叶多数3深裂，裂片边缘有不整齐齿，两面均有硬毛。穗状花序顶生和腋生，细弱；苞片稍短于花萼；花萼长约2 mm，有硬毛；花冠淡紫色至蓝色，外面有微毛，裂片5枚；雄蕊4枚，着生于花冠筒内面中部；子房无毛。果长圆形。花期6~8月，果期7~10月。

生于路边、山坡、溪边或林旁；常见。 全草入药，具有凉血、散瘀、通经、清热、解毒、止痒、驱虫、消胀的功效。

264. 唇形科 Lamiaceae

本科约有220属3 500种，广泛分布于世界各地，但以地中海地区及亚洲中部为多。我国约有97属808种；广西有46属142种31变种；姑婆山有20属31种6变种。

分属检索表

1. 子房顶端稍浅裂；花柱近顶生；小坚果合生为果轴1/2以上；花冠单唇（无上唇）或假单唇（上唇短于下唇）。
  2. 花冠单唇···香科科属 *Teucrium*
  2. 花冠二唇形（假单唇）···筋骨草属 *Ajuga*
1. 子房4深裂；花柱着生于子房基部；小坚果合生面小；花冠二唇形。
  3. 花萼2裂，上唇背部具直立的盾片···································黄芩属 *Scutellaria*
  3. 花萼非2裂，上唇背部无直立的盾片。
    4. 小坚果核果状，有肉质的果皮；植株被星状毛···················锥花属 *Gomphostemma*
    4. 小坚果果皮干薄，非肉质。
     5. 雄蕊上升或平展而伸出。
      6. 花药非球形，药室平行或叉形，顶端不汇合或稀近汇合，在花粉散开后不扁平展开。
       7. 花冠二唇形，具不相似的唇片，上唇外凸，弧状、镰状或盔状。
        8. 雄蕊2枚，花药线状条形···································鼠尾草属 *Salvia*
        8. 雄蕊4枚，花药卵形。
         9. 后对雄蕊长于前对雄蕊。
          10. 茎蔓生而呈草质藤本状；叶片圆形，基部心形；萼齿先端刺芒状······龙头草属 *Meehania*
          10. 茎直立或匍匐，但不为藤本状；叶片非圆形；萼齿先端非刺芒状······活血丹属 *Glechoma*
         9. 后对雄蕊短于前对雄蕊。
          11. 花冠上唇外凸或盔状，稀扁平，常有密毛。
           12. 小坚果稍三棱柱形，顶端平截···························益母草属 *Leonurus*
           12. 小坚果卵形，顶端钝圆。
            13. 花冠上唇盔状，长于下唇···························假糙苏属 *Paraphlomis*
            13. 花冠上唇略呈盔状，短于下唇·······················水苏属 *Stachys*
          11. 花冠上唇短而稍扁平（火把花属除外），无毛或略被毛···········广防风属 *Anisomeles*
       7. 花冠近于辐射对称，裂片近相似，或略分化，上唇扁平或外凸。
        14. 雄蕊上升于花冠上唇之下，内藏···························风轮菜属 *Clinopodium*
        14. 雄蕊直伸，突出。
         15. 能育雄蕊2枚···石荠苎属 *Mosla*
         15. 能育雄蕊4枚。
          16. 轮伞花序具多朵花，腋生或簇生在枝端；花萼顶端5齿，萼齿近相等···薄荷属 *Mentha*
          16. 轮伞花序具2朵花，排成顶生和腋生并偏向一侧的总状花序；花萼二唇形，顶端5齿·······
          ··紫苏属 *Perilla*
      6. 花药球形，药室平叉开，顶端贯通为1室，在花粉散开后平展。

17. 花冠下唇3裂；前对雄蕊较长，花丝无毛。

  18. 花序由2朵花的轮伞花序排成顶生及腋生的总状花序··················**香简草属** *Keiskea*

  18. 花序由轮伞花序排成穗状或球状花序·······························**香薷属** *Elsholtzia*

17. 花冠下唇全缘；雄蕊花丝等长，中部常具髯毛·······················**刺蕊草属** *Pogostemon*

5. 雄蕊下倾，平卧于花冠下唇或内藏。

  19. 花萼顶端5齿，萼齿近相等；花冠裂片近相等·······················**四轮香属** *Hanceola*

  19. 花萼多4/1式，稀3/2式二唇形，如5齿等大，花冠则为4/1式显著二唇形·····**香茶菜属** *Isodon*

筋骨草属 *Ajuga* L.

本属有40~50种，广泛分布于欧亚大陆的温带地区，少数种类延伸到热带山区。我国约有18种；广西有3种；姑婆山有2种。

分种检索表

1. 植株花期通常无基生叶 ·· 紫背金盘 *A. nipponensis*
1. 植株花期具基生叶 ·· 金疮小草 *A. decumbens*

金疮小草

Ajuga decumbens Thunb.

一年生或二年生匍匐草本。茎被白色长柔毛。基生叶较多，较茎生叶长而大，叶片匙形或倒卵状披针形，边缘具波状圆齿或近全缘，叶脉在腹面微隆起。轮伞花序具多朵花，排成间断的长7~12 cm的穗状花序，位于下部的轮伞花序疏离，位于上部者密集；花冠淡蓝色或淡红紫色。花期3~7月，果期5~11月。

生于山坡林下、路旁；常见。 全草入药，具有止咳化痰、清热、凉血、消肿、解毒的功效。

唇形科 Lamiaceae

紫背金盘

Ajuga nipponensis Makino

一年生或二年生草本。茎被长柔毛或疏柔毛。基生叶缺或少数；叶片阔椭圆形或卵状椭圆形，先端钝，基部楔形，下延，边缘具不规则波状圆齿，被缘毛，两面被糙伏毛或疏柔毛。轮伞花序具多朵花，排成顶生穗状花序；花萼上部及齿缘均被毛，萼齿狭三角形或三角形；花冠蓝色或蓝紫色，稀白色，疏被短柔毛，上唇短，直立，2裂或微缺。花期在我国东部为4~6月，西南部为12月至翌年3月；果期前者为5~7月，后者为1~5月。

生于沟谷、山坡、路旁；常见。　全草入药，具有消炎、镇痛、散血的功效。

广防风属 *Anisomeles* R. Br.

本属有5~6种，分布于非洲、亚洲至澳大利亚。我国仅有1种；姑婆山亦有。

广防风

Anisomeles indica (L.) Kuntze

直立草本。茎四棱柱形，具浅槽，密被白色贴生短柔毛。叶片阔卵圆形，长4~9 cm，宽2.5~6.5 cm，基部截状阔楔形，边缘有不规则的牙齿。轮伞花序在主茎及侧枝的顶部排成长穗状花序；花冠淡紫色，冠檐二唇形，上唇全缘，下唇3裂。小坚果黑色，近圆球形。花期8~9月，果期9~11月。

生于山坡灌丛中或林缘路旁荒地；常见。　全草入药，具有祛风解表、理气止痛的功效，可用于感冒发热、风湿关节痛、胃痛、吐泻，外用于皮肤湿疹、神经性皮炎、虫蛇咬伤、痈疮肿毒。

风轮菜属 *Clinopodium* L.

本属约有20种，分布于欧洲和亚洲。我国约有11种；广西有5种；姑婆山有4种。

分种检索表

1. 轮伞花序的花序梗多分枝，花序常偏向一侧 ························· 风轮菜 *C. chinense*
1. 轮伞花序无花序梗或花序梗少分枝，花序不偏向一侧。
  2. 茎直立，基部几乎不分枝 ····················· 灯笼草 *C. polycephalum*
  2. 茎细弱，基部匍匐，多分枝，上升。
   3. 轮伞花序无苞叶 ··························· 细风轮菜 *C. gracile*
   3. 轮伞花序具苞叶 ··························· 邻近风轮菜 *C. confine*

风轮菜

Clinopodium chinense (Benth.) Kuntze

多年生草本。茎基部匍匐生根，多分枝，四棱柱形，具细条纹，密被短柔毛及具腺微柔毛。叶片卵形，基部圆或宽楔形，边缘具圆齿状齿，腹面密被平伏短硬毛，背面灰白色，被疏柔毛；侧脉5~7对。轮伞花序具多朵花，半球形；花冠紫红色。小坚果倒卵球形，黄褐色。花期5~8月，果期8~10月。

生于山坡、草丛、路旁、沟边、灌丛、林下等；常见。 地上部分或全草入药，具有清热解毒、疏风、消肿、凉血止血的功效。

邻近风轮菜

Clinopodium confine (Hance) Kuntze

　　铺散草本。茎无毛或疏被微柔毛。叶片卵圆形或近圆形，先端钝，基部圆形或阔楔形，边缘具5~7对圆齿，两面均无毛。轮伞花序近球形；花萼近圆柱形，萼筒上下等宽，无毛或几乎无毛，萼齿具缘毛；花冠粉红色至紫红色，稍超出花萼，外面被微柔毛。小坚果卵球形，褐色，光滑。花期4~6月，果期7~8月。

　　生于山坡、路旁、草地；常见。　全草入药，具有清热解毒、散瘀消肿、止血的功效，可用于感冒、头痛、菌痢、肠炎、咽喉肿痛、白喉、中暑腹痛、乳痈、疔疮、丹毒、无名肿毒、血崩、跌打损伤等。

唇形科 Lamiaceae

细风轮菜　千层塔

Clinopodium gracile (Benth.) Kuntze

　　纤细草本。茎多数，自匍匐茎生出，柔弱，上升，被微柔毛或近无毛。茎中部的叶片较大，卵形，先端钝，基部圆或楔形，边缘具疏齿或圆齿，腹面近无毛，背面仅脉上被微柔毛。轮伞花序少花；花萼外面沿脉上被微柔毛，果期下倾，基部一侧膨胀，萼齿具缘毛；花冠白色或紫红色，外面被微柔毛。花期6~8月，果期8~10月。

　　生于沟谷及山坡草地、路旁；常见。　全草入药，具有祛风清热、行气活血、解毒消肿的功效。

细风轮菜　千层塔

Clinopodium gracile (Benth.) Kuntze

灯笼草

Clinopodium polycephalum (Vaniot) C. Y. Wu et S. J. Hsuan ex P. S. Hsu

多年生直立草本。茎上部密被平展糙毛及腺毛。叶片卵形，长2~5 cm，宽1.5~3.2 cm，边缘具疏圆齿，两面均被糙硬毛。轮伞花序具多朵花，球形，组成圆锥花序；花冠紫红色，冠筒伸出于花萼，外面被微柔毛，冠檐二唇形，上唇直伸，下唇3裂。小坚果卵形。花期7~8月，果期9月。

生于路旁、山坡灌丛中；常见。　全草入药，具有清热解毒、凉血止血的功效。

唇形科 Lamiaceae

香薷属 *Elsholtzia* Willd.

本属约有40种，主产于亚洲东部，少数种类分布至欧洲、北美洲及非洲。我国有33种；广西有10种；姑婆山有2种。

分种检索表

1. 穗状花序偏向一侧···紫花香薷 *E. argyi*
1. 穗状花序圆柱形，面向四周···水香薷 *E. kachinensis*

紫花香薷 红荆荠
Elsholtzia argyi H. Lév.

草本。茎四棱柱形，紫色，具槽，槽内具疏生或密集的白色短柔毛。叶片卵形至阔卵形，基部圆形至宽楔形，边缘在基部以上具圆齿或圆齿状齿，近基部全缘，腹面疏被柔毛，背面沿叶脉被白色短柔毛，满布凹陷的腺点；侧脉5~6对，与中脉在两面微显著；叶柄具狭翅，被白色短柔毛。穗状花序长2~7 cm，生于茎枝顶端，偏向一侧，由具8朵花的轮伞花序排成；花冠玫红紫色，外面被白色柔毛。小坚果外面具细微疣状突起。花果期9~11月。

生于山坡灌丛中、林下、溪旁草地；常见。 全草入药，具有祛风、散寒解表、发汗、解暑、利尿、止咳的功效。

活血丹属 *Glechoma* L.

本属约有8种，广泛分布于欧亚大陆温带地区。我国约有5种；广西有1种；姑婆山亦有。

活血丹

Glechoma longituba (Nakai) Kupr.

草本。匍匐茎四棱柱形。茎下部的叶较小，叶片心形或近肾形，叶柄长为叶片的1~2倍；茎上部的叶较大，叶片心形，先端急尖或钝三角形，边缘具圆齿，叶柄长为叶片的1.5倍。轮伞花序通常具2朵花；苞片及小苞片线形；花萼管状，顶部具5齿，上唇3齿较下唇2齿长，齿卵状三角形；花冠淡蓝色、蓝色至紫色，下唇具深色斑点，冠筒上部渐膨大成钟状，有长筒与短筒两型；子房4裂，花柱细长。小坚果长圆状卵形。花期4~5月，果期5~6月。

生于林缘、山坡疏林下、草地、溪边等阴湿处；少见。　全草入药，具有利湿通淋、清热解毒、散瘀消肿的功效。

唇形科 Lamiaceae

锥花属 *Gomphostemma* Wall. ex Benth.

本属约有36种，分布于亚洲。我国约有15种；广西有6种1变种；姑婆山有1种。

中华锥花

Gomphostemma chinense Oliv.

草本。茎直立，密被星状茸毛。叶片椭圆形或卵状椭圆形，边缘具粗齿或几全缘，腹面被星状柔毛及短硬毛，背面被星状茸毛。花序对生于茎基部，为由聚伞花序排成的圆锥花序或为单生的聚伞花序；花冠浅黄色至白色，外面疏被微柔毛，内面无毛。小坚果4枚，倒卵状三棱柱形。花期7~8月，果期10~12月。

生于山坡、沟谷疏林及密林下；常见。 全草或叶入药，具有益气补虚、补血、舒筋活络、祛风湿的功效，可用于肾虚、肝炎、刀伤出血、断指、口疮。

四轮香属 *Hanceola* Kudô

本属约有8种，均产于我国长江以南各地。广西有2种；姑婆山有1种。

出蕊四轮香

Hanceola exserta Sun

多年生草本。根状茎匍匐横走，有须根；茎平卧上升，钝四棱柱形，深紫黑色，常极多分枝并密生叶。叶片卵形至披针形，先端锐尖或渐尖，极少钝形，中部以下渐渐楔状，延长成具宽翅的柄，膜质至草质；侧脉约3对。总状花序顶生于枝上，疏花；聚伞花序具1~3朵花；苞片披针形或线形；小苞片钻形；花萼钟状，萼齿5枚，近等大，三角形，先端锥状长尖；花冠紫蓝色，漏斗状管形；雄蕊4枚，花丝扁平，花药2室；子房无毛，花柱与花冠等长或超出花冠，顶端2裂。花期9~10月。

生于沟谷水旁、山坡疏林下、路旁灌丛中；常见。

香茶菜属 *Isodon* (Schrad. ex Benth.) Spach

本属约有100种，主要分布于亚洲，仅有1种分布于非洲。我国有77种；广西有12种1变种；姑婆山有3种1变种。

分种检索表

1. 叶片背面及花萼外面均密布红褐色腺点或金色腺点。
　2. 萼齿为三角形，先端锐尖 ·· 长管香茶菜 *I. longitubus*
　2. 萼齿为卵状三角形或卵圆形，先端钝或圆。
　　3. 柔弱草本；叶片较小，长1.5~8.8 cm，宽0.5~5.3 cm，先端钝 ········· 线纹香茶菜 *I. lophanthoides*
　　3. 植株高大；叶片较大，长达20 cm，宽达8.5 cm，先端渐尖 ··············
　　　 ·· 细花线纹香茶菜 *I. lophanthoides* var. *graciliflorus*
1. 叶片背面及花萼外面均无明显的红褐色腺点或黄色腺点 ····················· 大萼香茶菜 *I. macrocalyx*

长管香茶菜

Isodon longitubus (Miq.) Kudô

　　直立草本。茎钝四棱柱形，具4条浅槽，带紫色，分枝细长。叶对生；叶片狭卵圆形至卵圆形，先端渐尖至长渐尖，基部楔形至楔状圆形，坚纸质，腹面橄绿色，沿脉上密被微柔毛，余部散布小糙伏毛，背面淡绿色；侧脉每边3~4条，平行细脉在两面均明晰可见；叶柄极短。花序狭圆锥状，顶生或腋生；聚伞花序具梗；苞片全缘，近无柄；小苞片线形；花萼钟状，带紫红色，萼齿5枚，果期脉纹明显；花冠紫色；雄蕊4枚，花丝扁平。小坚果熟时扁球形，深褐色，具小疣点。花果期9~10月。

　　生于路旁、山坡沟谷密林下；常见。　全草入药，具有清热解毒、凉血止血、消痈止痛的功效。

线纹香茶菜

Isodon lophanthoides (Buch.-Ham. ex D. Don) H. Hara

多年生柔弱草本。茎四棱柱形，被短柔毛至几被长疏柔毛。叶片卵形、阔卵形或长圆状卵形，先端钝，基部楔形、圆形或阔楔形，稀浅心形，边缘具圆齿，腹面密被具节的微硬毛，背面除被具节微硬毛外，还满布褐色腺点。圆锥花序顶生及侧生，由聚伞花序组成；聚伞花序具11~13朵花，分枝蝎尾状；花萼钟状，外面下部疏被串珠状具节的长柔毛，满布红褐色腺点；花冠白色或粉红色，具紫色斑点，冠檐外面被稀疏小黄色腺点。花果期8~12月。

生于路旁、山坡、沟谷疏林中；常见。 全草入药，具有清热利湿、凉血散瘀、退黄、驱虫的功效。

唇形科 Lamiaceae

细花线纹香茶菜

Isodon lophanthoides var. *graciliflorus* (Benth.) H. Hara

　　多年生柔弱草本。茎高40~100 cm。叶片大，卵状披针形至披针形，先端渐尖，基部楔形，边缘具圆齿，腹面微粗糙至近无毛，背面脉上微粗糙，其余部分满布褐色腺点，干后常带红褐色。聚伞花序排成顶生及侧生的圆锥花序；花萼钟状，外面下部疏被串珠状具节长柔毛，萼齿卵三角形；花冠白色或粉红色，具紫色斑点。花果期8~12月。

　　生于路旁、山坡林缘；常见。　全草或根入药，具有清热利湿的功效，可用于急性黄疸型肝炎、急性胆囊炎、蛔虫病，外用于毒蛇咬伤。

大萼香茶菜

Isodon macrocalyx (Dunn) Kudô

多年生草本。茎被贴生的微柔毛。叶片卵圆形，先端长渐尖，基部宽楔形，骤然渐狭下延，边缘有整齐的圆齿状齿，两面仅脉上被贴生微柔毛，背面散布淡黄色腺点。聚伞花序具(1)3~5朵花，排成顶生或腋生的总状圆锥花序，再排成尖塔形的复合圆锥花序；花萼宽钟状，外面被微柔毛，萼齿三角形；花冠浅紫色、紫色或紫红色，外面疏被短柔毛及腺点。花期7~8月，果期9~10月。

生于山顶灌草丛、路旁；常见。　全草或茎叶入药，具有清热解毒、抗菌消炎的功效。

香简草属 *Keiskea* Miq.

本属约有6种，分布于中国和日本。我国有5种；广西有2种；姑婆山有1种。

南方香简草

Keiskea australis C. Y. Wu et H. W. Li

直立草本。茎钝四棱柱形，具4条浅槽，淡红色，分枝。叶片卵圆形至卵状长圆形，先端短渐尖或锐尖，基部阔楔形至圆形或偏斜的浅心形，边缘具近于整齐的圆齿，坚纸质，腹面沿中脉及侧脉上被短柔毛；叶柄淡红色，被短柔毛。顶生总状花序生于枝端；苞片卵状钻形，先端尾状渐尖，基部楔形，边缘全缘并有白色纤毛；花萼钟状，萼齿5枚；花冠深紫色；雄蕊4枚，前对远伸出花冠外，后对内藏；花柱丝状，伸出花冠外。花期10月。

生于山坡密林中及路旁；常见。

益母草属 *Leonurus* L.

本属约有20种，分布于欧洲、亚洲温带地区，少数种在美洲和非洲逸生。我国有12种；广西有1种；姑婆山亦有。

益母草

Leonurus japonicus Houtt.

一年生或二年生草本。茎钝四棱柱形，微具槽，有倒向糙伏毛。茎下部的叶片卵形，基部宽楔形，掌状3裂，腹面有糙伏毛，叶脉稍下陷，背面疏被柔毛及腺点，叶脉突出，叶柄由于叶基下延而在上部略具翅，被糙伏毛；茎中部的叶片较小，菱形，通常分裂成3枚或偶有多枚长圆状线形的裂片。轮伞花序腋生，具8~15朵花；无花梗；花冠白色、粉红色至淡紫红色。小坚果稍三棱柱状，顶端截平而略宽大，基部楔形，淡褐色，光滑。花期通常在6~9月，果期9~10月。

生于山坡林缘、路旁、荒草地、灌丛中；常见。　全草或地上部分入药，具有活血调经、祛瘀生新、利尿消肿的功效；果入药，具有活血调经、清肝明目的功效，可用于月经不调、经闭、痛经、目赤翳障。

龙头草属 *Meehania* Britton

本属约有7种，主要分布于亚洲热带和亚热带地区。我国有5种；广西有1种3变种；姑婆山有1种1变种。

分种检索表

1. 轮伞花序排成顶生和腋生的总状花序；花萼狭管状⋯⋯⋯⋯⋯⋯⋯⋯⋯⋯⋯⋯⋯⋯龙头草 *M. henryi*

1. 花排成顶生的总状花序或成对着生于茎最上部2~3对叶腋中；花萼钟状或近管状⋯⋯⋯⋯⋯
⋯⋯⋯⋯⋯⋯⋯⋯⋯⋯⋯⋯⋯⋯⋯梗花华西龙头草 *M. fargesii* var. *pedunculata*

梗花华西龙头草

Meehania fargesii var. *pedunculata* (Hemsl.) C. Y. Wu

多年生草本。茎粗壮，多分枝，不形成匍匐状分枝，幼时被短柔毛。叶片形状变异颇大，通常为长三角状卵形，腹面疏被糙伏毛，背面疏被柔毛。聚伞花序通常具花3朵以上，排成明显具梗的轮伞花序，再在茎上部排成顶生的假总状花序；花梗被柔毛；花萼近管状，外面被微柔毛，萼齿三角形或狭三角形，具缘毛，先端渐尖；花冠淡红色至紫红色。花期4~6月，果期6月。

生于路旁、山坡密林中；少见。 全草入药，可用于腹泻；根、叶入药，可用于牙痛。

龙头草

Meehania henryi (Hemsl.) Sun ex C. Y. Wu

多年生草本。幼茎疏被柔毛及节上被柔毛。叶片纸质或近膜质，心形或卵形，先端渐尖，基部心形，腹面疏被微柔毛。花序腋生或顶生，密被微柔毛；花萼狭管状，外面被微柔毛；花冠浅红色至浅紫色，外面疏被微柔毛，内面被柔毛；子房被微柔毛。花期9月，果期10月。

生于山坡、山谷或山顶密林下；常见。　根入药，具有补血的功效；叶入药，外用于毒蛇咬伤。

唇形科 Lamiaceae

薄荷属 *Mentha* L.

本属约有30种，广泛分布于北半球的温带地区。我国有12种；广西有2种；姑婆山有1种。

薄荷

Mentha canadensis L.

多年生草本。植株高 30~60 cm。茎锐四棱柱形，上部被倒向微柔毛，下部仅沿棱上被微柔毛。叶片长圆状披针形、椭圆形或卵状披针形，边缘在基部以上疏生粗大齿。轮伞花序腋生，轮廓球形；花唇形，淡紫色，外面略被微柔毛，内面喉部以下被微柔毛。花期 7~9 月，果期 10 月。

生于水旁潮湿地；常见。 地上部分入药，具有宣散风热、明目、透疹的功效；鲜茎、叶的蒸馏液具有和中、发汗、解热宣滞、凉膈、清头目的功效，可用于头痛、热咳、皮肤瘰疹、耳目咽喉口齿诸病等。

石荠苎属 *Mosla* (Benth.) Buch.-Ham. ex Maxim.

本属约有22种，分布于亚洲南部至东南部。我国有12种；广西有5种；姑婆山有2种。

分种检索表

1. 茎近无毛；苞片针状或线状披针形；花萼二唇形·······················**小鱼仙草** *M. dianthera*
1. 茎疏被白色柔毛；苞片倒卵圆形；花萼钟状，顶部具近相等的5齿··········**石香薷** *M. chinensis*

小鱼仙草

Mosla dianthera (Buch.-Ham. ex Roxb.) Maxim.

　　一年生草本。茎高可达1 m，多分枝，近无毛。叶片卵状披针形或菱状披针形，少为卵形，先端渐尖或急尖，基部渐狭，边缘具锐齿，腹面无毛或近无毛，背面灰白色，无毛，具凹陷腺点。总状花序，花序轴近无毛；花萼二唇形，脉上被短硬毛，上唇3齿，齿卵状三角形；花冠淡紫色，外面被微柔毛。花果期5~11月。

　　生于山坡林缘、路旁；常见。　全草入药，具有祛风发表、利湿止痒的功效，可用于感冒头痛、乳蛾、中暑、溃疡病、痢疾等；全草亦可用于驱蚊。

假糙苏属 *Paraphlomis* Prain

本属约有24种，分布于中国、印度、印度尼西亚、老挝、马来西亚、缅甸、泰国和越南。我国有23种；广西有7种6变种；姑婆山有1种2变种。

分种检索表

1. 轮伞花序少花而松散；花梗明显；花萼倒圆锥形…………**短齿白毛假糙苏** *P. albida* var. *brevidens*
1. 轮伞花序多花而密集，呈圆球形；花梗无；花萼筒状或管状钟形。
  2. 叶片通常长7~15 cm，宽3~8.5 cm，有时长达30 cm，宽达14 cm，膜质或纸质，边缘有具小突尖的圆齿状齿……………………………………………………………**假糙苏** *P. javanica*
  2. 叶片较小，一般长3~9 cm，宽1.5~6 cm，肉质，边缘疏生齿或有小尖突的圆齿，齿常不明显或极浅……………………………………………………**小叶假糙苏** *P. javanica* var. *coronata*

短齿白毛假糙苏

Paraphlomis albida var. *brevidens* Hand.-Mazz.

草本。茎单生，密被白色倒伏微柔毛。叶片卵形，先端锐尖或渐尖，基部圆形或楔状，渐狭下延至具翅的叶柄，边缘具圆齿状齿，坚纸质，腹面疏被白色短柔毛，背面密被白色倒伏柔毛及金黄色腺体。轮伞花序具2~8朵花；花萼倒圆锥形，外面密被细短伏毛，具明显的脉，萼齿5枚，宽卵圆状三角形，先端短尖；花冠白色或略带紫斑，外面被平伏长柔毛及腺点，内面具白色柔毛环；子房顶端截平，具柔毛。花期7~10月。

生于路旁及沟谷、山坡林下；常见。

假糙苏

Paraphlomis javanica (Blume) Prain

多年生草本。茎单生，被倒向的平伏毛。叶片先端锐尖或渐尖，基部圆形或近楔形，边缘有具小突尖的圆齿状齿，稀齿不明显，膜质或纸质，腹面略被小刚毛，背面沿脉上密生、余部疏生平伏毛；叶柄纤弱，扁平，被平伏毛。轮伞花序多花；花萼筒状，外面幼时密被小硬毛，在果期毛近脱落，常变红色，萼齿5枚，钻形或三角状钻形；花冠通常黄色或淡黄色，稀白色。花期6~8月，果期8~12月。

生于沟谷、山坡疏林下及路旁；常见。全草入药，具有清肝、发表、滋阴润燥、润肺止咳、补血调经的功效；叶、茎入药，具有清肝火、发表的功效。

唇形科 Lamiaceae

紫苏属 *Perilla* L.

本属有1种3变种，分布于亚洲。我国均产；广西有1种2变种；姑婆山有1变种。

野生紫苏

Perilla frutescens var. *purpurascens* (Hayata) H. W. Li

　　一年生草本。茎直立，钝四棱柱形，具4条槽，疏被短柔毛。叶片卵形，两面均疏被柔毛。轮伞花序具2朵花，排成长1.5~15 cm、偏向花序轴一侧的顶生及腋生总状花序；花白色至紫红色，冠檐近二唇形，上唇微缺，下唇3裂。小坚果土黄色，直径1~1.5 mm；宿存萼小，长4~5.5 mm，下部被疏柔毛，具腺点。花期8~11月，果期8~12月。

　　生于路旁、沟谷；常见。　叶入药，具有发表散寒、理气和营的功效；根及近根老茎入药，具有除风散寒、祛痰降气的功效；宿存萼入药，可用于血虚感冒；茎入药，具有理气宽中的功效；果入药，具有下气、消痰止咳定喘、润肺宽肠的功效。

刺蕊草属 *Pogostemon* Desf.

本属约有60种，主要分布于亚洲的热带及亚热带地区。我国约有16种；广西有5种；姑婆山有2种。

分种检索表

1. 穗状花序顶生；茎密被黄色平展长硬毛···水珍珠菜 *P. auricularius*
1. 穗状花序顶生及腋生，排成圆锥花序；茎被粗伏毛·······························长苞刺蕊草 *P. chinensis*

水珍珠菜

Pogostemon auricularius (L.) Hassk.

一年生草本。茎基部平卧，节上生根，上部上升，多分枝，具槽，密被黄色平展长硬毛。叶片长圆形或卵状长圆形，先端钝或急尖，基部圆形或浅心形，稀楔形，边缘具整齐的齿，草质，两面均被黄色糙硬毛，背面满布凹陷腺点；叶柄短，密被黄色糙硬毛，茎上部的叶近无柄。穗状花序；苞片卵状披针形，常与花冠等长，边缘具糙硬毛；花萼钟状，外面具黄色小腺点，萼齿5枚，短三角形；花冠淡紫色至白色；雄蕊4枚。小坚果近球形，褐色。花果期4~11月。

生于疏林下或溪边近水潮湿处；少见。 全草入药，具有清热化湿、祛风、消肿止痛的功效。

唇形科 Lamiaceae

长苞刺蕊草

Pogostemon chinensis C. Y. Wu et Y. C. Huang

多年生草本。茎直立，具不明显的4条棱或近圆柱形，被粗伏毛，节稍膨大。叶片卵圆形，先端渐尖，基部楔状渐狭，边缘具重齿或重圆齿，腹面被粗伏毛，背面仅沿脉上被粗伏毛，侧脉3对；叶柄近无柄至长可达6 cm，腹凹背凸，被粗伏毛。轮伞花序多少有些偏向花序轴一侧，排成间断或近连续的穗状花序，顶生或腋生，密被粗伏毛；花冠淡红色，与花萼近等长或稍长，上唇裂片外被短硬毛。花期7~11月。

生于山坡林下路旁、山谷溪旁及草地上；常见。

长苞刺蕊草

鼠尾草属 *Salvia* L.

本属约有900种，分布于热带至温带地区。我国有85种；广西有16种3变种；姑婆山有2种1变种。

分种检索表

1. 叶多为基生或近基生；羽状复叶或单叶兼具三出复叶。

  2. 叶为具2~3对小叶的奇数羽状复叶或二回至三回羽状复叶；小叶片扇形、菱形、披针形或卵圆形 ···铁线鼠尾草 *S. adiantifolia*

  2. 叶片心状卵圆形或心状三角形，单叶兼具三出复叶··········血盆草 *S. cavaleriei* var. *simplicifolia*

1. 叶茎生；单叶···荔枝草 *S. plebeia*

铁线鼠尾草

Salvia adiantifolia E. Peter

    多年生草本。茎被向下的疏柔毛或微柔毛。叶多基生或近基生，茎生叶常1对，为具2~3对小叶的一回至三回羽状复叶；小叶片形状多变，扇形、菱形、披针形或卵圆形，基部楔状、圆形或近心形，常偏斜，边缘具圆齿状齿，腹面被稀疏具节的平伏毛，背面沿脉疏被小柔毛，余部被腺点。轮伞花序具4~10朵花，排成总状或总状圆锥花序；花序轴与花梗均疏被短柔毛；花萼钟状，外面上部被微硬伏毛；花冠天蓝色至白紫色，外面被具腺短柔毛。花期6月。

    生于沟谷、山坡林下；常见。

血盆草

Salvia cavaleriei var. *simplicifolia* E. Peter

　　叶全部基生或稀在茎最下部着生，常为单叶，稀为三出复叶；叶片心状卵圆形或心状三角形，先端锐尖或钝，边缘具圆齿，两面均无毛或疏被柔毛；叶柄常比叶片长，无毛或疏被展开的柔毛。花序疏被极细贴生柔毛；花冠紫色或紫红色。花果期5~11月。

　　生于路旁、沟谷；常见。　全草入药，具有止血、清湿热的功效，可用于咳嗽吐血、血崩、血痢、创伤出血、赤痢等。

荔枝草

Salvia plebeia R. Br.

　　一年生或二年生草本。茎多分枝，疏被向下的柔毛。叶片椭圆状卵圆形或椭圆状披针形，边缘具齿，腹面被稀疏的微硬毛，背面疏被短柔毛。轮伞花序具6朵花，在茎枝顶端密集成总状花序或总状圆锥花序；花冠淡红色、淡紫色、紫色、蓝紫色至蓝色，稀白色。小坚果倒卵球形。花期4~5月，果期6~7月。

　　生于山坡林缘、路旁；少见。　全草入药，具有散瘀消肿、凉血解毒的功效。

唇形科 Lamiaceae

黄芩属 *Scutellaria* L.

本属约有350种，世界广泛分布，但在非洲热带地区少见，在非洲南部没有分布。我国有98种；广西有12种5变种；姑婆山有2种。

分种检索表

1. 总状花序顶生；叶片卵圆形至椭圆形······两广黄芩 *S. subintegra*
1. 总状花序腋生；叶片线状披针形······韩信草 *S. indica*

韩信草

Scutellaria indica L.

多年生草本。茎四棱柱形，暗紫色，被微柔毛。叶对生；叶片卵圆形至椭圆形，边缘密生整齐圆齿，两面均被微柔毛或糙伏毛；叶柄长0.4~2.8 cm，密被微柔毛。花对生于枝端排成总状花序；花冠蓝紫色，二唇形，下唇具深紫色斑点。小坚果熟时暗褐色，卵形，表面具瘤。花期4~8月，果期6~9月。

生于山坡疏林下，路旁空地及草地上；少见。全草入药，具有祛风、活血、解毒、止痛的功效，可用于跌打损伤、吐血、咳血、痈肿、疔毒、喉风、牙痛等。

两广黄芩

Scutellaria subintegra C. Y. Wu et H. W. Li

茎基部略木质化，具较多的分枝。叶片线状披针形，先端钝，基部楔状下延，边缘疏生1~2对不明显的波状圆齿，腹面散布贴生微柔毛，背面除中脉及侧脉疏被微柔毛外，余部皆无毛。总状花序；花序轴与花梗均密被微柔毛；花冠紫色，外面被微柔毛。花期8~10月，果期11月。

生于路旁及沟谷水旁、山坡林下；常见。

水苏属 *Stachys* L.

本属约有300种，广泛分布于南北半球的温带地区。我国有18种；广西有4种2变种；姑婆山有1种。

地蚕

Stachys geobombycis C. Y. Wu

多年生草本。植株高40~50 cm。根状茎横走，肉质，肥大，在节上生出纤维质须根。叶片长圆状卵圆形，基部浅心形或圆形，边缘有整齐的粗大圆齿，腹面散布疏柔毛状刚毛，背面沿脉密被而其余部位疏被柔毛状刚毛。轮伞花序腋生，具花4~6朵，组成长5~18 cm的穗状花序；花冠淡紫至紫蓝色，亦有淡红色，花盘杯状；子房黑褐色，无毛。花期4~5月。

生于沟谷、路旁；常见。　根状茎入药，具有益肾润肺、滋阴补血、清热除烦的功效，可用于肺结核、咳嗽哮喘、吐血、盗汗、贫血、小儿疳积等；全草入药，具有祛风毒的功效。

香科科属 *Teucrium* L.

本属约有260种，广泛分布于世界各地，但以地中海地区为多。我国有18种；广西有6种；姑婆山有2种。

分种检索表

1. 茎密被灰白色、金黄色或锈棕色长柔毛⋯⋯⋯⋯⋯⋯⋯⋯⋯⋯⋯⋯⋯⋯⋯**铁轴草** *T. quadrifarium*
1. 茎被短柔毛、微柔毛或近无毛⋯⋯⋯⋯⋯⋯⋯⋯⋯⋯⋯⋯⋯⋯⋯⋯⋯⋯⋯**血见愁** *T. viscidum*

铁轴草

Teucrium quadrifarium Buch.-Ham.

亚灌木。茎直立，基部常聚结成块状，高30~110 cm，常不分枝。叶片卵圆形或长圆状卵圆形，长3~7.5 cm，宽1.5~4 cm，边缘具有重齿的细齿或圆齿；叶柄长一般不超过1 cm。假穗状花序由轮伞花序组成；花冠淡红色。小坚果倒卵状近球形，暗栗棕色，背面具网纹。花期7~9月。

生于路旁、山坡林下；常见。 全草入药，具有祛风解暑、利湿消肿、凉血解毒的功效。

唇形科 Lamiaceae

血见愁

Teucrium viscidum Blume

　　多年生草本。植株具匍匐茎；茎直立，高30~70 cm，下部无毛或近无毛，上部具混生腺毛的短柔毛。叶片卵圆形至卵圆状长圆形；叶柄长1~3 cm。假穗状花序生于茎及短枝上部；苞片披针形，边缘全缘，较开放的花稍短或等长；花冠白色、淡红色或淡紫色，长6.5~7.5 mm，唇片与冠筒成大钝角。小坚果扁球形，黄棕色。花期6~11月。

　　生于路旁及沟谷石缝中、山坡密林及疏林下；常见。　全草入药，具有凉血散瘀、消肿解毒的功效，可用于吐血、肠风下血、跌打损伤、痈肿、痔疮、流火、疔疮疖肿、蛇咬伤等。

269. 樱井草科 Petrosaviaceae

本科仅有1属，即无叶莲属 Petrosavia，共4种，分布于亚洲热带和亚热带地区，从印度尼西亚、马来西亚至中国和日本。我国有2种；广西2种均产；姑婆山仅有1种。

无叶莲属 Petrosavia Becc.

疏花无叶莲　疏花樱井花

Petrosavia sakuraii (Makino) J. J. Sm. ex Steenis

茎单生或2~3个发自根状茎。鳞片状叶之间通常相距1~2 cm。总状花序有几朵至十几朵花；苞片稍短于花梗；花梗中部至近基部生有1枚小苞片，花小，花被约1/3贴生于子房上；子房半下位，3个心皮约分裂到下部2/3处。种子椭球形，暗褐色，外种皮白色，翅状，膜质，向两端延伸。花期7~8月，果期10月。

生于常绿阔叶林或竹林下；罕见。

270. 霉草科 Triuridaceae

本科有7属约50种，广泛分布于热带和亚热带地区。我国有1属，即喜阴草属 *Sciaphila*，共5种；广西有2种；姑婆山仅有1种。

大柱霉草

Sciaphila secundiflora Thwaites ex Benth.

腐生草本。植株淡红色，无毛。根纤细而稍成束，左右曲折，稍具疏柔毛；茎颇坚挺，通常不分枝，少有分枝者，直立或不规则地左右曲折。叶少数，鳞片状，卵状披针形，向上渐小而狭，先端具尖头或凹。花雌雄同株；总状花序短而直立，疏松排列3~9朵花；花梗向上略弯，花被大多6裂，裂片钻形；雄花位于花序上部；雄蕊3枚，有时2枚，花丝近无；雌花具多数堆集成球的倒卵形子房，呈乳突状。花期5~6月，果期7~8月。

生于疏林及密林下；罕见。

280. 鸭跖草科 Commelinaceae

本科约有40属650种，大部分产于热带和亚热带地区。我国的地方种加上引入的有15属59种；广西有12属39种；姑婆山有4属7种。

分属检索表

1. 圆锥花序顶生，扫帚状··聚花草属 *Floscopa*
1. 花序顶生或否，不呈扫帚状。
  2. 总苞片佛焰苞状··鸭跖草属 *Commelina*
  2. 总苞片有或无，有则不呈佛焰苞状。
   3. 叶常狭长；蒴果3室，室背3片裂··························水竹叶属 *Murdannia*
   3. 叶长椭圆形或卵状披针形；果浆果状而不开裂·····················杜若属 *Pollia*

鸭跖草属 *Commelina* L.

本属约有170种，广泛分布于全世界，主产于热带、亚热带地区。我国有8种；广西有4种；姑婆山有2种。

分种检索表

1. 蒴果2室，佛焰苞心形···鸭跖草 *C. communis*
1. 蒴果3室，佛焰苞披针形，基部心形或浑圆，花远伸出佛焰苞··················节节草 *C. diffusa*

鸭跖草 竹叶草、竹壳菜

Commelina communis L.

一年生披散草本。茎匍匐生根，下部无毛，上部被短毛。叶片披针形至卵状披针形。总苞片佛焰苞状，有长1.5~4 cm的柄，与叶对生，折叠状，边缘常有硬毛。聚伞花序，下面一枝仅有花1朵，不孕；上面一枝具花3~4朵，具短梗，几乎不伸出佛焰苞；花瓣深蓝色。蒴果椭圆形，2片裂。花果期6~10月。

生于路旁或溪边阴湿处；常见。全草入药，具有清热解毒、利水消肿的功效。

鸭跖草科 Commelinaceae

聚花草属 *Floscopa* Lour.

本属约有20种，广泛分布于热带和亚热带地区。我国有2种；广西有1种；姑婆山亦有。

聚花草 竹叶藤

Floscopa scandens Lour.

多年生草本。根状茎节上密生须根；茎高20~70 cm，不分枝。叶片椭圆形至披针形，腹面有鳞片状突起，无柄或有带翅短柄。圆锥花序多个，顶生并兼有腋生，组成长8 cm、宽4 cm的扫帚状复圆锥花序；花冠蓝色或紫色，少白色。蒴果卵圆状，长宽约2 mm，侧扁。花果期7~11月。

生于路旁及沟谷、山坡密林中；常见。全草入药，具有清热解毒、利水消肿、消炎、活血的功效。

水竹叶属 *Murdannia* Royle

本属约有50种，广泛分布于全球热带及亚热带地区。我国有20种；广西有11种；姑婆山有2种。

分种检索表

1. 根粗壮，直径1~3 mm，茎直立或上升；聚伞花序在一个茎上常有3至数个，集成圆锥花序……
………………………………………………………………**细竹篙草** *M. simplex*
1. 根须状而纤细，直径不到1 mm，茎常匍匐，下部节上生根；聚伞花序仅有1~2个，少有3个，花
期头状………………………………………………………………**牛轭草** *M. loriformis*

牛轭草 狭叶水竹叶

Murdannia loriformis (Hassk.) R. S. Rao et Kammathy

多年生草本。主茎不发育，有莲座状叶丛，多条可育茎从叶丛中发出。主茎上的叶密集成莲座状，叶片禾叶状或剑形，仅下部边缘有睫毛；可育茎上的叶较短，仅叶鞘上沿口部一侧有硬睫毛。蝎尾状聚伞花序单支顶生或有2~3支集成圆锥花序；聚伞花序有长至2.5 cm的总梗，有数朵非常密集的花，几乎集成头状；花瓣紫红色或蓝色；能育雄蕊2枚。蒴果卵圆状三棱形。花果期5~10月。

生于山谷溪边林下、山坡草地；少见。 全草入药，有清热解毒、利尿的功效，可用于小儿高烧、肺热咳嗽、目赤肿痛、痢疾、热淋、小便不利、痈疮肿毒等。

鸭跖草科 Commelinaceae

杜若属 *Pollia* Thunb.

本属约有17种，分布于亚洲、非洲和大洋洲的热带、亚热带地区。我国有8种；广西8种均产；姑婆山有2种。

分种检索表

1. 雄蕊6枚全育；花序为圆锥花序···杜若 *P. japonica*
1. 能育雄蕊3枚；花序为蝎尾状聚伞花序·····························长花枝杜若 *P. secundiflora*

杜若
Pollia japonica Thunb.

多年生草本。茎不分枝，高30~80 cm，被短柔毛。叶鞘无毛；叶片长椭圆形，近无毛。蝎尾状聚伞花序长2~4 cm，常多个成轮排列，也有不成轮的，集成圆锥花序，花序总梗长15~30 cm，花序远远伸出叶子，各级花序轴和花梗被相当密的钩状毛；花瓣白色。果球状。花期7~9月，果期9~10月。

生于山坡路旁或山谷林下；常见。 根状茎入药，有补肾的功效，可用于腰痛、跌打损伤；全草入药，有理气止痛、疏风消肿的功效，外用于蛇虫咬伤、痈疽疔疖、脱肛。

长花枝杜若

Pollia secundiflora (Blume) Bakh. f.

　　多年生草本。茎疏被白色柔毛。叶无柄，椭圆形，先端渐尖，基部楔状渐窄，腹面具瘤状突起，背面密生细柔毛；叶鞘长约2.5 cm，密被柔毛。花序长超出叶子很多，具3~4个分枝，下部的花序分枝具长20 cm以上的总梗，几个圆锥花序组成伞房状复圆锥花序；蝎尾状聚伞花序多个，成轮或不成轮地排列；花瓣白色，舟状浅凹。果成熟时黑色。花期4月。

　　生于山谷密林下或山坡路旁；常见。　　叶入药，捣碎烘烤后制成泥罨剂按摩可用于跌打损伤。

285. 谷精草科 Eriocaulaceae

本科约有13属1 150种，分布于热带和亚热带地区。我国有1属，即谷精草属*Eriocaulon*，共35种；广西有15种；姑婆山仅有1种。

长苞谷精草

Eriocaulon decemflorum Maxim.

草本。叶丛生，线形。花葶具鞘状苞片；花序熟时倒圆锥形至半球形；总苞约14枚，不反折，外部的无毛，内部的背面有白短毛；总托多无毛；苞片倒披针形至长倒卵形，背面上部及边缘有密毛；雄花花萼常2深裂，花冠裂片长卵形至椭圆形，近顶端有黑色至棕色的腺体，顶端常有多数白短毛；雌花花萼2裂至单个裂片，花瓣2枚，倒披针状线形，各有1黑色腺体。种子近圆形。花期8~9月，果期9~10月。

生于路旁草丛中；常见。 花序、全草入药，具有疏散风热、明目退翳的功效。

287. 芭蕉科 Musaceae

本科有3属40种，分布于亚洲和非洲热带地区。我国有3属14种；广西有3属7种；姑婆山有1属1种。

芭蕉属 *Musa* L.

本属约有30种，主产于东半球热带地区。我国约有11种；广西有4种；姑婆山有1种。

野蕉

Musa balbisiana Colla

高大草本。假茎丛生。叶片长圆形，长可达3 m，宽可达70 cm；叶柄具叶翼。花序下垂，总轴和花梗均无毛，雌花的苞片脱落，中性花及雄性花的苞片宿存。浆果长倒卵形，具3~5条棱，微弯，顶端收缩成具棱的柱状体，内含多数种子；种子扁球形，褐色，具疣。果期12月至翌年4月。

生于沟谷水边；较常见。　本种是栽培香蕉的亲本种之一；假茎可作猪饲料；种子入药，具有破淤血、通大便的功效。

290. 姜科 Zingiberaceae

本科约有50属1 300种，主产于亚洲热带地区。我国有20属216种；广西有12属82种5变种；姑婆山有4属7种，其中2属2种为栽培种。

分属检索表

1. 花丝长，上部弓状弯曲···舞花姜属 *Globba*

1. 花丝短，稀长而上部几乎不弯曲···山姜属 *Alpinia*

山姜属 *Alpinia* Roxb.

本属约有230种，分布于印度南部、亚洲西南部至澳大利亚昆士兰州。我国约有51种；广西有27种3变种；姑婆山有4种。

分种检索表

1. 圆锥花序···华山姜 *A. oblongifolia*

1. 总状花序或穗状花序。

 2. 穗状花序。

 3. 穗状花序长10~20 cm···箭杆风 *A. jianganfeng*

 3. 穗状花序长3~6 cm···三叶豆蔻 *A. austrosinense*

 2. 总状花序顶生···山姜 *A. japonica*

三叶豆蔻 白豆蔻、钻骨风

Alpinia austrosinense (D. Fang) P. Zou & Y. S. Ye

　　假茎高达0.5 m。叶片狭椭圆形至狭长圆形，两面沿中脉被微柔毛，边缘密被短睫毛；叶柄被微毛；叶舌2浅裂，被微毛和睫毛。穗状花序，花序轴密被微柔毛；苞片长圆形至倒卵形，外被微柔毛，宿存，每苞片内有花1~2朵，无小苞片；花萼被睫毛；花冠白色，外面疏被微柔毛，侧生退化雄蕊线形；唇瓣倒卵形，具红色条纹和微毛，顶端2裂，边有齿。果球形，密被短柔毛。花期5~6月，果期10~11月。

　　生于路旁、山坡密林中；常见。　　全草入药，可用于胃寒痛、脘腹胀痛、食欲不振、恶心呕吐、胎动不安、风湿骨痛、跌打肿痛等。

姜科 Zingiberaceae

山姜 白寒果

Alpinia japonica (Thunb.) Miq.

多年生草本。植株高35~70 cm。具横生、分枝的根状茎。叶片披针形或狭长椭圆形，长25~40 cm，宽4~7 cm，两面特别是背面密被短柔毛；叶舌2裂，被短柔毛。总状花序顶生，长10~30 cm，花序轴密被短柔毛；花冠红色。果近球形，直径1~1.5 cm，橙红色。花期4~8月，果期7~12月。

生于沟谷疏林中或林下阴湿处；常见。 根状茎入药，具有理气通络、祛风、止痛的功效；花入药，具有调中下气、消食、解酒毒的功效；果、种子入药，具有祛寒燥湿、芳香健胃、行气调中、止呕的功效。

山姜 白寒果

华山姜 小良姜
Alpinia oblongifolia Hayata

植株高约1 m。叶片披针形或卵状披针形，长20~30 cm，宽3~10 cm。圆锥花序狭窄；小苞片开花时脱落；花白色；花冠筒略超出；唇瓣卵形，顶端微凹。果近球形，直径5~8 mm。花期5~7月，果期6~12月。

生于山坡、沟谷疏林及密林中；常见。 根状茎入药，具有温胃散寒、消食止痛的功效；叶鞘纤维可制人造棉。

姜科 Zingiberaceae

舞花姜属 *Globba* L.

本属约有100种，分布于亚洲热带和亚热带地区。我国约有5种；广西有2种；姑婆山仅有1种。

舞花姜 竹叶草

Globba racemosa Sm.

多年生草本。茎基膨大。叶片长圆形或卵状披针形，先端尾尖，基部急尖。圆锥花序顶生，长15~20 cm，花冠黄色，各部均具橙色腺点；花萼管漏斗形，长4~5 mm，顶端具3齿；花冠筒长约1 cm，裂片反折；唇瓣倒楔形，顶端2裂，反折，生于花丝基部稍上处。蒴果椭圆形。花期6~9月。

生于山坡疏林中；常见。 根状茎入药，可用于急性水肿、崩漏、劳伤、咳嗽痰喘、腹胀、疥癣等；果入药，具有补脾健胃的功效，可用于胃炎、消化不良；根入药，可用于急慢性胃炎、崩漏；花艳丽，可栽培供观赏。

293. 百合科 Liliaceae

本科约有250属3 500种，广泛分布于全世界，特别是温带和亚热带地区。我国的地方种加上引入的共有57属约726种；广西有32属182种7变种；姑婆山有17属24种1变种，其中2属2种为栽培种。

分属检索表

1. 小枝退化成镰形、宽线形或刚毛状的叶状枝；叶退化成鳞片状·················天门冬属 Asparagus
1. 小枝和叶为正常发育的枝、叶，非上述情况。
  2. 植株具鳞茎。
   3. 植株具球状的鳞茎；果为室背开裂的蒴果·····························百合属 Lilium
   3. 植株具近圆柱状的鳞茎；果为室间开裂的蒴果·····················藜芦属 Veratrum
  2. 植株具根状茎或地下茎，无鳞茎。
   4. 叶基生或近基生，茎叶不发达。
    5. 花梗从根状茎或茎上抽出，短而贴近地面；花序有花1朵·········蜘蛛抱蛋属 Aspidistra
    5. 花梗自叶丛中间或侧面抽出，较长，远离地面；花序有花多数。
     6. 花序为穗状；果为肉质浆果，稀为开裂的蒴果。
      7. 花被片不等大；花梗基部无苞片·····························白丝草属 Chionographis
      7. 花被片等大或内轮3片较大；花梗基部通常有苞片。
       8. 植物有长的根状茎，匍匐于地面或浅土中，每隔一定距离向上发出叶簇···················
        ···吉祥草属 Reineckea
       8. 植物具粗短、直立根状茎·····································万年青属 Rohdea
     6. 花序为其他形式；果为开裂的蒴果，稀为肉质浆果。
      9. 花被片下部合生···粉条儿菜属 Aletris
      9. 花被片离生。
       10. 花梗无苞片···丫蕊花属 Ypsilandra
       10. 花梗有苞片。
        11. 花梗扁平且两侧多少具狭翼，弯曲下垂；花丝不明显或长不及花药的1/2；子房半下位
         ···沿阶草属 Ophiopogon
        11. 花梗浑圆，直立；花丝与花药等长或比花药长；子房上位·················
         ···山麦冬属 Liriope
   4. 叶茎生，稀因叶鞘套叠成假茎。
    12. 叶片条状披针形；常绿草本·····························山菅属 Dianella
    12. 叶片卵形、长圆形或披针形；常绿或落叶草本，或亚灌木状草本。
     13. 花于叶腋单生，或数朵组成伞形花序或伞房花序；花被片大部分或下半部合生·············
      ···黄精属 Polygonatum
     13. 花在茎顶（或在叶腋）单生，或数朵组成圆锥花序、聚伞花序或伞形花序；花被片离生或
      仅基部稍合生。
      14. 果为蒴果；柱头3裂，每裂再分2支，密被颗粒状腺毛·············油点草属 Tricyrtis
      14. 果为浆果；柱头3裂，每裂不再分裂，无腺毛·················万寿竹属 Disporum

百合科 Liliaceae

粉条儿菜属 *Aletris* L.

本属约有21种，分布于亚洲东部、北美洲。我国有15种；广西有3种；姑婆山有1种。

粉条儿菜 脉筋草、蛆虫草
Aletris spicata (Thunb.) Franch.

　　植株稍粗壮，须根多。叶片纸质，条形，簇生于植株的基部，先端渐尖。花葶高达75 cm，密生柔毛，具叶状苞片3~7枚，有花8~42朵；花梗密生柔毛，基部有条状小苞片2枚；花被黄绿色带白色，外侧被柔毛，裂至全长的1/3~1/2；裂片条状披针形；雄蕊6枚，花丝短，花药椭圆形；子房卵形。蒴果长圆状倒卵形，有6条棱，密被柔毛。花期5月，果期7月。

　　生于山坡草地、路边或灌草丛；少见。　根、全草入药，具有润肺止咳、养心安神、消积、驱蛔的功效。

天门冬属 *Asparagus* L.

本属约有300种，广泛分布于美洲以外的温带和热带地区。我国有31种及部分外来种；广西连同栽培的有7种；姑婆山有1种。

天门冬 天冬

Asparagus cochinchinensis (Lour.) Merr.

多年生攀缘状草本。块根肉质，簇生，长椭圆形或纺锤形，长4~10 cm，灰黄色。叶状枝2~3枚簇生，线形、扁平或由于中脉龙骨状而略呈锐三棱形。叶退化为鳞片，主茎上的鳞状叶常变为下弯的短刺。花1~3朵簇生于叶状枝腋，花冠黄白色或白色。浆果球形，熟时红色。花期5~6月，果期8~10月。

生于山坡密林中；少见。　块根入药，具有养阴生津、润肺清心的功效，可用于肺燥干咳、虚劳咳嗽、津伤口渴、心烦失眠、内热消渴、肠燥便秘、白喉等；鲜块根入药，可用于早期乳癌和乳腺小叶增生。

蜘蛛抱蛋属 *Aspidistra* Ker Gawl.

本属约有140种，分布于亚洲热带和亚热带地区，主要分布于中国西南部和越南北部。我国约有91种；广西约有71种1变种；姑婆山有2种。

分种检索表

1. 叶3~4片簇生，叶片狭长线形……………………………………………**丛生蜘蛛抱蛋** *A. caespitosa*

1. 叶单生，叶片长圆状椭圆形至长圆状披针形………………………**贺州蜘蛛抱蛋** *A. hezhouensis*

丛生蜘蛛抱蛋

Aspidistra caespitosa C. Pei

根状茎横走。叶3~4片簇生；叶片狭长线形。总花梗具苞片4~5枚；花被坛状，外侧具紫色小斑点，内侧暗紫色；裂片6枚，卵状披针形，不外弯；花被筒长10~12 mm；雄蕊6枚，生于花被筒基部；雌蕊长10 mm，花柱连子房长6 mm，柱头盾状膨大，上表面具3条放射状的裂缝，边缘波状3浅裂。花期3~4月，果期翌年5月。

生于沟谷疏林下、路旁；常见。 根状茎入药，具有祛风、活血、除湿、通淋、泄热通络、化痰止咳的功效。

贺州蜘蛛抱蛋
Aspidistra hezhouensis Qi Gao & Yan Liu

　　根状茎匍匐。叶鞘1~3枚；叶单生；叶片长圆状披针形至狭椭圆形，基部楔形，先端渐尖，边缘全缘。花梗直立或倾斜，具苞片3~5枚，位于花被基部的2枚为宽卵形，先端渐尖；花单生；花被钟状，先端（6）8裂；裂片平展，披针形；花被管长6~12 mm，直径5~10 mm；雄蕊（6）8枚，近无柄；生于花被筒中部，花药椭圆形；雌蕊长4~6 mm，上表面中心凹陷，十字形，边缘4裂（少3裂）。花期3~4月。

　　生于山坡密林中、路旁；少见。　　本种可作园林绿化植物。

百合科 Liliaceae

万年青属 *Rohdea* Roth

本属约有29种，分布于不丹、中国、印度、尼泊尔、越南和日本。我国有22种1变种；广西有4种；姑婆山有2种。

分种检索表

1. 花丝下部扩大部分多少呈皱褶状；花序下部苞片长不及1 cm，通常短于或稍长于花，但绝不比花长1倍；叶片矩圆状披针形、倒披针形、条状披针形至条形，叶紧密套迭，叶基之间常看不到裸露的茎·······开口箭 *R. fargesii*
1. 花丝下部扩大部分贴生；花序下部苞片长1 cm以上，明显比花长（可在1倍以上）；叶片窄椭圆形、椭圆状披针形至椭圆状卵形，叶稍疏列，叶基之间可见裸露的茎······弯蕊开口箭 *R. tonkinensis*

开口箭
Rohdea fargesii (Baill.) Y. F. Deng

多年生草本。根状茎长圆柱形，多节，绿色至黄色。叶基生，4~8枚；叶片倒披针形至条形；鞘叶2枚，披针形或矩圆形，长2.5~10 cm。穗状花序直立，密生多花，长2.5~9 cm；花被短钟状；花冠黄色或黄绿色，肉质。浆果球形，熟时紫红色，具1~3粒种子。花期4~6月，果期9~11月。

生于山坡、沟谷疏林中；少见。 根状茎入药，具有滋阴利水、活血调经的功效，可用于劳热咳嗽、风湿痹痛、月经不调、跌打损伤、腰酸腿痛等。

弯蕊开口箭

Rohdea tonkinensis (Baill.) N.Tanaka

根状茎圆柱形，弧状弯曲。叶3~8片生于延长的茎上；叶片椭圆状卵形至椭圆状披针形，先端渐尖，基部楔形；叶柄下部扩大而抱茎。穗状花序直立或稍外弯；苞片披针形至条状披针形；花被短钟状，裂片6枚，肉质，宽卵形；花丝下部扩大并贴生于花冠筒，上部分离，内弯；花药宽卵形；花柱不明显，柱头钝三棱形，先端3裂。浆果球形，熟时红色。花期2~5月，果期翌年1~4月。

生于山坡疏林下；常见。根状茎或全草入药，具有清热解毒、止血消肿的功效。

百合科 Liliaceae

<h1 style="text-align:center">白丝草属 Chionographis Maxim.</h1>

本属约有6种，分布于中国、日本、朝鲜。我国有3种；广西均产；姑婆山有1种。

中国白丝草

Chionographis chinensis K. Krause

　　基生叶排成莲座状；叶片椭圆形至椭圆状倒披针形，边缘波状，先端钝尖，基部稍下延。花葶不分支，细瘦；花梗下半部具狭卵形苞片4~6枚；穗状花序；花被裂片6枚，有时仅3枚发育，近花轴的3~4枚线形或匙状线形，其余2~3枚很短或缺失；雄蕊6枚，3枚较长，花药常2室，药室两侧开裂，或在顶端多少汇合成1室。蒴果狭倒卵形，室背上半部开裂；种子多数，棱形。花果期4~6月。

　　生于山坡疏林中；少见。　全草入药，有利尿通淋、清热安神、消肿止痛的功效，可用于烧烫伤。

山菅属 *Dianella* Lam.

本属约有23种，分布于亚洲和大洋洲的热带地区以及马达加斯加岛。我国仅有1种；姑婆山亦有。

山菅 山猫儿、剪交草
Dianella ensifolia (L.) DC.

多年生常绿草本。根状茎圆柱形，横走。叶片狭条状披针形，长30~80 cm，宽1~2.5 cm，基部稍收狭成鞘状，套叠或抱茎，边缘和背面中脉具齿。顶生圆锥花序长10~40 cm；花常多朵生于侧枝上端；花梗长7~20 mm，常稍弯曲；花冠绿白色、淡黄色至青紫色。浆果近球形，蓝紫色。花果期3~8月。

生于山坡疏林下或灌草丛中；常见。 根状茎、全草入药，具有清热解毒、拔毒消肿、杀虫、利尿、止痛的功效；有毒，严禁内服，家畜误食可能致死，人误食其果可引起呃逆，甚至呼吸困难致死。

万寿竹属 *Disporum* Salisb.

本属约有21种，分布于北美洲至亚洲东南部地区。我国有16种；广西有6种；姑婆山有3种。

分种检索表

1. 花被片基部有长4~5 mm的长距······距花万寿竹 *D. calcaratum*
1. 花被片基部有长3 mm及以下的短距。
　2. 花序通常生于茎和分枝顶端；花冠黄色、绿黄色或白色······少花万寿竹 *D. uniflorum*
　2. 花序着生于与中上部叶对生的短枝顶端，似腋生；花冠通常紫色······万寿竹 *D. cantoniense*

距花万寿竹

Disporum calcaratum D. Don

根状茎曲折；茎具棱，上部分枝。叶片纸质或厚纸质，卵形、椭圆形或矩圆形，先端骤尖或渐尖，基部圆形或近心形。伞形花序着生于与中上部叶对生的短枝顶端；花梗棱上密生乳头状突起；花被片倒披针形，先端尖，基部有直出或向外斜出的长距；花丝比花药长2倍；花柱连同3裂柱头比子房长2~3倍；雌雄蕊均不伸出花被之外。浆果近球形。花期6~7月，果期8~11月。

生于山坡、山顶的疏林或密林下；常见。　根状茎入药，具有清热、凉血、养阴润肺、生津益气的功效。

万寿竹 山竹花、万寿草

Disporum cantoniense (Lour.) Merr.

多年生草本。茎高0.5~1.5 m，上部有较多的叉状分枝；根状茎横出，质地硬，呈结节状。叶片纸质，披针形至狭椭圆状披针形，有明显的3~7脉，背面脉上和边缘有乳头状突起。伞形花序具花3~10朵，着生于与上部叶对生的短枝顶端，花冠紫色；花被片先端边缘有乳头状突起，基部有长2~3 mm的距。浆果直径约5 mm。花期5~7月，果期8~10月。

生于路旁、沟谷疏林及密林中；常见。 根、根状茎入药，具有清热解毒、祛风湿、舒筋活血、消炎止痛的功效。

少花万寿竹

Disporum uniflorum Baker ex S. Moore

　　根状茎肉质，横出；茎直立，上部具叉状分枝。叶片薄纸质至纸质，矩圆形、卵形、椭圆形至披针形，背面色浅，脉上和边缘有乳头状突起，具横脉，先端骤尖或渐尖，基部圆形或宽楔形，有短柄或近无柄。花冠黄色、绿黄色或白色，1~5朵着生于分枝顶端；花被片倒卵状披针形，边缘有乳头状突起，基部具长1~2 mm的短距；花柱具3裂外弯的柱头。浆果椭圆形或球形，直径约1 cm，具3粒种子。花期3~6月，果期6~11月。

　　生于山坡林下或灌丛中；少见。　根入药，具有消炎止痛、祛风除湿、清肺化痰、止咳、健脾消食、舒筋活血的功效。

百合属 *Lilium* L.

本属约有 115 种，分布于北温带地区。我国有 55 种；广西有 4 种 3 变种；姑婆山有 1 变种。

百合

***Lilium brownii* var. *viridulum* Baker**

鳞茎球形，鳞片披针形，白色。叶散生；叶片倒披针形至倒卵形，两面无毛。花单生或几朵排成近伞形；花喇叭形，花冠乳白色，外面稍带紫色，向外张开或先端外弯而不卷；雄蕊向上弯，中部以下密被柔毛；花药长椭圆形；子房圆柱形，柱头3裂。蒴果矩圆形，有棱，具多数种子。花期5~6月，果期9~10月。

生于山坡草丛中、疏林下或山沟旁；少见。 鳞茎入药，具有养阴润肺、清心安神的功效；花入药，具有润肺、清火、安神的功效；种子入药，可用于肠风下血。

山麦冬属 *Liriope* Lour.

本属约有8种，分布于越南、菲律宾、日本及中国。我国有6种；广西有4种；姑婆山有2种。

分种检索表

1. 无地下茎；叶片宽8~22 mm；花药近矩圆状披针形⋯⋯⋯⋯⋯⋯⋯⋯⋯**阔叶山麦冬** *L. muscari*

1. 具地下茎；叶片宽5~8 mm；花药狭矩圆形⋯⋯⋯⋯⋯⋯⋯⋯⋯⋯⋯⋯⋯**山麦冬** *L. spicata*

阔叶山麦冬 山韭菜

Liriope muscari (Decne.) L. H. Bailey

根稍粗，多分支，常具膨大、肉质小块根；无地下茎。叶丛生于根部；叶片禾叶状，先端渐尖或急尖，基部渐狭。花葶常短于叶；总状花序具多朵花；花3~6朵簇生于苞片腋内；花梗关节位于中部；花被片6枚，披针状长圆形；雄蕊6枚。种子近球形，熟时紫黑色。花期6~8月，果期9~11月。

生于山坡密林中；常见。 块根可作"麦冬"用，具有养阴生津、润肺、清心、止咳、养胃的功效。

沿阶草属 *Ophiopogon* Ker Gawl.

本属约有65种，分布于亚洲东部和南部的亚热带和热带地区。我国有47种；广西有31种；姑婆山有4种。

分种检索表

1. 具根状茎，节间紧密；叶丛生、簇生、聚生。
　2. 花丝长约1 mm；花序基部的苞片与花梗近等长⋯⋯⋯⋯⋯⋯⋯⋯⋯**狭叶沿阶草** *O. stenophyllus*
　2. 花丝不明显；花序基部的苞片远长于花梗⋯⋯⋯⋯⋯⋯⋯⋯⋯⋯**连药沿阶草** *O. bockianus*
1. 茎不明显；基生叶丛生。
　3. 植株具匍匐茎⋯⋯⋯⋯⋯⋯⋯⋯⋯⋯⋯⋯⋯⋯⋯⋯⋯⋯⋯⋯⋯⋯⋯**麦冬** *O. japonicus*
　3. 植株不具匍匐茎⋯⋯⋯⋯⋯⋯⋯⋯⋯⋯⋯⋯⋯⋯⋯⋯⋯⋯⋯⋯**间型沿阶草** *O. intermedius*

连药沿阶草
Ophiopogon bockianus Diels

根稍粗，密被白色根毛，末端有时膨大成纺锤形小块根。茎较短，每年延长后老茎上的叶枯萎，残留膜质叶鞘和部分撕裂的纤维，并生新根，形如根状茎。叶丛生；叶片多少呈剑形。总状花序具花10朵至数朵；花常2朵着生苞片腋内；花被片卵形。花期6~7月，果期8月。

生于山坡密林下或山谷溪边岩缝中；少见。　全草、块根入药，具有清热、润肺养阴、生津止咳的功效。

百合科 Liliaceae

间型沿阶草 长葶沿阶草

Ophiopogon intermedius D. Don

　　多年生草本。根多而细，密被根毛；地上茎极短。叶禾叶状，丛生；叶片线形，基部具膜质鞘，叶脉背面隆起。花葶三棱柱形，具花10~30朵或更多；苞片钻形、线形或披针形；花单生或2~3朵簇生于苞片腋内；花梗关节位于花梗中部；花被片6枚，长圆形；花丝极短。种子椭圆形。花期5~8月，果期9~11月。

　　生于山坡密林中；常见。　块根入药，具有清热润肺、养阴生津、止咳的功效，可用于肺燥干咳、吐血、咯血、咽干口燥等。

麦冬 沿阶草

Ophiopogon japonicus (Thunb.) Ker Gawl.

多年生草本。根中间或近末端常膨大成椭圆形或纺锤形的小块根；小块根长1~1.5 cm，淡褐黄色。叶基生成丛；叶片禾叶状，具3~7条脉，边缘具细齿。花葶长6~27 cm，通常比叶短很多，具几朵至十几朵花；花单生或成对着生于苞片腋内；花冠白色或淡紫色，在盛开时花被片仅稍张开，花柱基部宽阔，一般稍粗而短，略呈圆锥形。种子球形。花期5~8月，果期8~9月。

生于山坡密林中；常见。 块根为著名中药"麦冬"，具有养阴润肺、清心除烦、益胃生津的功效。

狭叶沿阶草

Ophiopogon stenophyllus (Merr.) L. Rodr.

　　根粗壮，密被白色根毛，后渐脱落。茎逐年延长，节上残存叶鞘，下部的节生根。叶丛生；叶片纸质，条状披针形或剑状披针形，先端长渐尖或短渐尖，基部渐狭成不明显的柄，具膜质鞘；叶脉明显。花葶较叶短，总状花序，多花，苞片披针形；花1~2朵聚生于苞片腋内；花梗关节在花梗近中部或中部以下；花被片卵状披针形；雄蕊6枚，多少联合或后期分离；花柱细。种子椭圆形。花期6~7月，果期10~11月。

　　生于山坡密林下潮湿处；少见。　　块根入药，具有清热润肺、养阴生津、清心除烦的功效；全草入药，具有滋阴补气、和中健胃、清热润肺、养阴生津、清心除烦的功效，可用于肺燥咳嗽、阴虚足痿等。

黄精属 *Polygonatum* Mill.

本属有60多种，主产于北温带地区。我国有39种；广西有10种；姑婆山有1种。

多花黄精　黄精
Polygonatum cyrtonema Hua

多年生草本。根状茎连珠状或块状，每一结节上茎痕明显，圆盘状；茎高 50~100 cm，通常具 10~15 枚叶。叶互生，卵状披针形或长圆状披针形，长 10~18 cm，宽 2~7 cm。伞形花序常有花 3~14 朵；总花梗长 1~4 cm；花被筒状，黄绿色。浆果紫黑色，直径约 1 cm。花期 5~6 月，果期 7~9 月。

生于路旁、山坡密林中；常见。　根状茎入药，具有补脾润肺、益气养阴的功效。

吉祥草属 *Reineckea* Kunth

本属仅有1种，分布于中国、日本。姑婆山亦有。

吉祥草

Reineckea carnea (Andrews) Kunth

　　根状茎沿地面蔓延，茎节具残存的膜质叶鞘。叶簇生于茎的顶端或前半部的茎节上；叶片，条状披针形或披针形，先端渐尖，向下渐狭成柄，在叶的两面隆起。穗状花序，花序有花5~16朵；苞片卵状三角形，长约6 mm；花冠粉红色；花被片6枚，基部联合呈管状，上部裂片在开花时反卷；雄蕊6枚；子房瓶状。浆果圆球形，熟时鲜红色。花果期6~10月。

　　生于山坡、山谷密林下或阴湿处；少见。　　可栽培供观赏；全草入药，具有补肺、止咳、止血、接骨、补肾的功效。

油点草属 *Tricyrtis* Wall.

本属约有21种，分布于喜马拉雅山脉至亚洲东部。我国有10种；广西有3种；姑婆山仅有1种。

油点草

Tricyrtis macropoda Miq.

植株高达1.2 m。根状茎直立，节上生须根；茎中上部常被密或疏的短糙毛。叶互生；叶片卵状长圆形、卵形或椭圆形，先端短尖或短渐尖，基部心形，抱茎或圆钝，具羽状脉3~4对，腹面和边缘常具短糙毛；叶柄无或极短。二歧聚伞花序生于茎顶或上部叶腋，有花2~9朵；花被裂片6枚，开时强烈向外、向下反卷，外轮3枚基部囊状；雄蕊6枚；柱头3裂，每裂片上端再2深裂，小裂片长约为裂片长的1/2，具腺毛。蒴果三棱柱状柱形。花果期6~10月。

生于山坡林下、草丛或岩石缝隙中；常见。　根状茎入药，具有补肺止咳的功效。

藜芦属 *Veratrum* L.

本属约有40种，主要分布于北温带地区。我国有13种；广西仅有1种；姑婆山亦有。

牯岭藜芦　铁扁担

Veratrum schindleri O.Loes.

多年生草本。植株高约1 m。基部具棕褐色带网眼的纤维网。茎下部的叶宽椭圆形，两面无毛。圆锥花序长而扩展，具多数近等长的侧生总状花序，总轴和枝轴生灰白色绵毛；花被片伸展或反折，淡黄绿色、绿白色或褐色。蒴果直立，长1.5~2 cm，宽约1 cm。花果期6~10月。

生于山坡、山顶草丛中；常见。　根及根状茎入药，具有吐风痰、杀虫毒的功效；也可作农药，用于防治蚜虫、菜青虫等；有毒。

丫蕊花属 *Ypsilandra* Franch.

本属有5种，分布于不丹、中国、缅甸、尼泊尔。我国有5种；广西有1种；姑婆山亦有。

丫蕊花

Ypsilandra thibetica Franch.

草本。叶片宽 0.6~4.8 cm，连柄长6~27 cm。花葶通常比叶长；总状花序具几朵至二十几朵花；花梗比花被稍长；花被片白色、淡红色至紫色，近匙状倒披针形；子房上部3裂；花柱稍高于雄蕊，果期则明显高出雄蕊，柱头头状，稍3裂。蒴果。花期3~4月，果期5~6月。

生于山坡林下、路旁湿地或沟边；常见。 全草入药，具有清热解毒、散结、利小便的功效。

295. 延龄草科 Trilliaceae

本科有4属约50种，分布于北温带地区。我国有2属约24种；广西有1属，即重楼属 *Paris*，共10种；姑婆山仅有1变种。

华重楼

Paris polyphylla var. *chinensis*（Franch.）Hara.

叶5~8枚轮生，通常7枚；叶片倒卵状披针形、矩圆状披针形或倒披针形，基部通常楔形。内轮花被片狭条形，通常中部以上变宽，宽1~1.5 mm，长1.5~3.5 cm，长为外轮的1/3至近等长或稍超过；雄蕊8~10枚。花期5~7月，果期8~10月。

生于山坡林下阴处或沟谷边的草丛中；常见。 根状茎入药，具有清热解毒、消肿止痛的功效。

297. 菝葜科 Smilacaceae

本科有3属约375种，分布于热带和温带地区。我国有2属约66种；广西有2属43种5变种；姑婆山有1属9种。

菝葜属 *Smilax* L.

本属约有300种，分布于热带和亚热带地区。我国约有79种；广西有38种5变种；姑婆山有9种。

分种检索表

1. 伞形花序，有时由于花序托延长，多少呈总状花序，单生于叶腋或苞片腋部，花序着生点上方不具与叶柄相对的鳞片；总花梗不具关节。
  2. 花中等大，直径5~10 mm，具长4~8 mm的花被片；雄蕊较长，达花被片的1/2~2/3或近等长……………………………………………………………………………………………牛尾菜 *S. riparia*
  2. 花较小，直径2~4 mm，具长1~3 mm的花被片；雄蕊短，长不超过花被片的1/2。
    3. 叶柄绝无卷须……………………………………………………………………弯梗菝葜 *S. aberrans*
    3. 叶柄有卷须。
      4. 植株绝无刺。
        5. 花序托稍膨大，雄花紫褐色…………………………………………缘脉菝葜 *S. nervomarginata*
        5. 花序托膨大，连同多数宿存的小苞片多少呈莲座状，花冠绿白色…………土茯苓 *S. glabra*
      4. 植株有刺。
        6. 花序托稍膨大，近球形；浆果熟时红色…………………………………………菝葜 *S. china*
        6. 花序托几乎不膨大；浆果熟时紫黑色………………………尖叶菝葜 *S. arisanensis*
1. 伞形花序通常2个至多个在花序轴上排成圆锥花序，较少单个腋生，而单个腋生者总花梗的下部或近基部必有一关节；在腋生花序着生点的上方有1枚与叶柄相对的鳞片。
  7. 叶柄基部扩大成耳状的鞘，鞘为穿茎状抱茎………………………………抱茎菝葜 *S. ocreata*
  7. 叶柄基部无抱茎状的鞘。
    8. 圆锥花序着生点上方有1枚与叶柄相对的鳞片，通常具2个伞形花序，较少具3个或单个的…………………………………………………………………………………大果菝葜 *S. megacarpa*
    8. 伞形花序通常单个生于叶腋，具几十朵花，极少2个伞形花序生于一个总花梗上，总花梗在着生点的上方有1枚鳞片………………………………………………马甲菝葜 *S. lanceifolia*

菝葜科 Smilacaceae

弯梗菝葜

Smilax aberrans Gagnep.

枝无刺。叶片背面苍白色，具乳突状短柔毛或粉尘状附属物；叶柄上部具乳突，基部约1/2处具半圆形的膜质鞘，无卷须。伞形花序常生于刚从叶腋抽出的幼枝上的幼叶腋或苞片腋处；总花梗长3~6.5 cm，花序托几乎不膨大，雄花内外花被片近似；雄蕊极短，聚于花中央。果梗下弯。花期2~4月，果期11~12月。

生于山坡、沟谷密林中或路旁；常见。　根状茎入药，具有祛风利湿的功效。

马甲菝葜

Smilax lanceifolia Roxb.

攀缘灌木。茎无刺或少具疏刺。叶片先端渐尖或骤凸，基部圆形或宽楔形；叶柄长1~2.5 cm，约占全长的1/5~1/4，具狭鞘，一般有卷须，脱落点位于近中部。伞形花序通常单个生于叶腋，具几十朵花，极少2个伞形花序生于同一个总花梗上；花冠黄绿色。浆果直径6~7 mm，有1~2颗种子。花期10月至翌年3月，果期10月。

生于山坡林下、灌丛中；常见。 根状茎入药，具有解毒、除湿的功效。

缘脉菝葜

Smilax nervomarginata Hayata

　　攀缘灌木。根状茎粗短；枝有纵条纹，具很小的疣状突起，无刺。叶片革质，矩圆形、椭圆形至卵状椭圆形，先端渐尖，基部钝；叶柄鞘部长不到全长的1/3，有卷须，脱落点位于近顶端。伞形花序生于叶腋或苞片腋部，具几朵至10余朵花；总花梗稍扁而细，比叶柄长2~4倍；花序托稍膨大；雄花内外花被片相似。花期4~5月，果期10月。

　　生于山坡、沟谷疏林中或路旁；常见。　根状茎入药，具有利湿解毒、消肿散结的功效。

抱茎菝葜

Smilax ocreata A. DC.

攀缘灌木。茎常疏生刺。叶片革质，卵形或椭圆形，基部宽楔形至浅心形；叶柄长2~3.5 cm，基部两侧具耳状鞘，有卷须，鞘穿茎状抱茎。圆锥花序具2~7个伞形花序；伞形花序单个着生，具10~30朵花；花冠黄绿色，稍带淡红色。浆果熟时暗红色，具粉霜。花期3~6月，果期7~10月。

生于山坡、山谷林下或灌丛中；常见。 全草入药，可用于疮疡肿毒；根状茎入药，具有清热解毒、祛风湿、强筋骨的功效，可用于跌打损伤、风湿痹痛。

菝葜科 Smilacaceae

牛尾菜 白须公

Smilax riparia A. DC.

多年生草质藤本。密结节状根状茎，根细长弯曲，密生于节上，长15~40 cm，质坚韧不易折断。叶片长圆状卵形或披针形，长7~15 cm，宽2.5~11 cm，无毛，主脉5条；叶柄具卷须。伞形花序有花多朵，总花梗纤细。浆果直径7~9 mm，熟时黑色。花期6~7月，果期8~10月。

生于沟谷、山坡林缘；常见。 根及根状茎入药，具有补气活血、舒筋通络、祛痰止咳、消暑、润肺、消炎、镇痛的功效；嫩苗可作蔬菜食用。

牛尾菜 白须公

Smilax riparia A. DC.

302. 天南星科 Araceae

本科约有110属3 500种，主要分布于热带和亚热带地区。我国有26属181种；广西有22属74种1变种；姑婆山有8属10种，其中1种为栽培种。

分属检索表

1. 花全部两性；肉穗花序上部无附属器。
  2. 直立或匍匐草本··菖蒲属 *Acorus*
  2. 攀缘或附生藤本。
    3. 花无花被，叶大···崖角藤属 *Rhaphidophora*
    3. 花有花被，叶小···石柑属 *Pothos*
1. 花全部单性，雌雄同株或异株；肉穗花序具附属器。
  4. 胚珠倒生；花叶常不同时出现·····························魔芋属 *Amorphophallus*
  4. 胚珠直立。
    5. 雄蕊合生成一体；叶盾状着生。
      6. 子房不完全2室；胚珠多数，侧膜胎座·················芋属 *Colocasia*
      6. 子房1室；胚珠少数，基底胎座·······················海芋属 *Alocasia*
    5. 雄蕊分离；叶非盾状着生。
      7. 佛焰苞管喉部张开·······································天南星属 *Arisaema*
      7. 佛焰苞管喉部闭合·······································半夏属 *Pinellia*

天南星科 Araceae

菖蒲属 *Acorus* L.

本属有5种，分布于北温带至亚洲热带地区。我国有5种；广西有4种；姑婆山有1种。

金钱蒲 石蒲菖、九节菖蒲、随手香
Acorus gramineus Soland

多年生草本。根状茎较短，横走或斜伸；根肉质，多数；须根密集；根状茎上部多分枝，呈丛生状。叶基对折，两侧膜质鞘棕色，上延至叶片中部以下，渐狭，易脱落；叶片质地较厚，线形，先端长渐尖，无中肋，平行脉多数。叶状佛焰苞短，为肉穗花序长的1~2倍，偶比圆柱形肉穗花序短。花期5~6月，果7~8月成熟。

生于山坡林下、沟边石头上；常见。　根状茎入药，具有化湿开胃、开窍豁痰、醒神益智的功效，可用于脘痞不饥、噤口下痢、神昏癫痫、健忘耳聋等。

海芋属 *Alocasia* (Schott) G. Don

本属约有80种，分布于亚洲热带地区。我国有8种；广西有3种；姑婆山仅有1种。

海芋 野芋头、老虎芋
Alocasia odora (Roxb.) K. Koch

　　直立草本。根状茎粗，圆柱形，有节。叶柄粗大；叶片革质，极宽，箭状卵形，侧脉每边9~12条。花序柄2~3枚丛生；佛焰苞管部席卷成长圆状卵形，檐部舟状，长圆形；肉穗花序芳香，雌花序白色，能育雄花序淡黄色，附属器淡绿色至乳黄色，圆锥状。浆果红色。花果期4~8月。

　　生于林缘、河谷荫蔽处；少见。　有毒，皮肤接触其鲜草汁液后会瘙痒，误入眼内可致失明；茎、根状茎入药，具有清热解毒、消肿散结、祛腐生肌的功效，可用于热病高烧、流感、肺痨、伤寒、风湿关节痛、鼻塞流涕等，外用于疔疮肿毒、虫蛇咬伤。

天南星科 Araceae

魔芋属 *Amorphophallus* Blume

本属约有200种，分布于东半球。我国有16种；广西有8种；姑婆山有2种。

分种检索表

1. 肉穗花序长圆锥形，伸出佛焰苞外，比佛焰苞长或近等长·························**魔芋** *A. konjac*
1. 肉穗花序粗短，较佛焰苞短或与之等长·····················**滇魔芋** *A. yunnanensis*

滇魔芋

Amorphophallus yunnanensis Engl.

块茎球形。叶单生，具绿斑块；叶片3全裂，裂片二歧羽状分裂。佛焰苞干时膜质至纸质，展平为卵形或披针形，锐尖，基部席卷，边缘波状。肉穗花序远短于佛焰苞；雌花序绿色；雄花序圆柱形或椭圆状，白色；附属器近圆柱形或三角状卵圆形，平滑。花期4~5月。

生于山坡密林下、河谷疏林及荒地；少见。 块茎入药，外用于疮疡、肿毒、瘰疬、红斑狼疮及毒蛇咬伤等。

天南星属 *Arisaema* Mart.

本属约有180种，主要分布于亚洲热带、亚热带和温带地区，少数产于非洲热带地区，美洲中部和北部也有数种。我国有87种；广西有19种1变种；姑婆山有1种。

一把伞南星　天南星
Arisaema erubescens (Wall.) Schott

多年生草本。块茎扁球形，直径可达6 cm。叶放射状分裂，裂片3~20枚，披针形、长圆形至椭圆形。佛焰苞绿色，背面有白色或淡紫色条纹；肉穗花序单性，雄花序长2~2.5 cm，雌花序长约2 cm，雄花淡绿色、紫色至暗褐色；各附属器棒状、圆柱形。浆果红色。花期5~7月，果期9月。

生于沟谷林下或灌丛、草坡、荒地；少见。 块茎有毒，入药具有燥湿化痰、祛风止痉、散结消肿的功效。

天南星科 Araceae

芋属 *Colocasia* Schott

本属约有20种，分布于亚洲热带、亚热带地区。我国有6种；广西有4种；姑婆山有2种，其中1种为栽培种。

野芋

Colocasia antiquorum Schott

多年生草本。叶1~5片，由块茎顶部抽出；叶柄圆柱形，紫褐色；叶片盾状，卵状箭形，深绿色，基部具弯缺，侧脉粗壮，边缘波状。花序柄单1枚，外露部分长12~15 cm，粗约1 cm，顶端污绿色；佛焰苞管部长4.5~7.5 cm，粗2~2.7 cm，绿色或紫色，向上缢缩、变白色；檐部厚，席卷成角状，长19~20 cm，金黄色；肉穗花序两性，基部雌花序长3~4.5 cm，雄花序长3.5~5.7 cm。花期7~9月。

生于山坡林缘或溪流旁阴湿处；少见。 块茎、叶柄、花序均可作蔬菜；块茎、叶及全草入药，具有清热解毒、消肿止痛、杀虫的功效。

半夏属 *Pinellia* Ten.

本属有9种，分布于东亚地区。我国有9种；广西有3种；姑婆山有1种。

半夏 三叶半夏、燕子尾
Pinellia ternata (Thunb.) Breit.

多年生草本。块茎圆球形，直径1~2 cm；一年生珠芽或块茎仅生1片卵状心形至戟形的全缘叶，多年生块茎生2~5片叶。叶片3全裂，裂片长椭圆形或披针形。雌雄同株；花序柄长25~35 cm，长于叶柄；佛焰苞绿色或绿白色。浆果卵圆形，黄绿色，先端渐狭为明显的花柱。花期5~7月，果期8月。

生于草坡、荒地、田边或疏林下；常见。　块茎入药，具有燥湿化痰、降逆止呕、消痞散结、止咳解毒的功效，可用于痰多咳喘、胸闷胀满、痰饮眩悸、痰厥头痛、呕吐反胃、胸脘痞闷、梅核气等。

天南星科 Araceae

石柑属 *Pothos* L.

本属约有75种，分布从马达加斯加至印度、斯里兰卡、中南半岛、马来半岛和菲律宾至新几内亚、澳大利亚，以亚洲热带地区为主。我国有5种；广西有4种；姑婆山有1种。

石柑子 竹结草、爬山虎
Pothos chinensis (Raf.) Merr.

附生藤本。茎亚木质，节上常束生气生根。叶片纸质，椭圆形、披针状卵形至披针状长圆形，先端渐尖至长渐尖，常有芒状尖头；叶柄倒卵状长圆形或楔形，长1~4 cm，宽0.5~1.2 cm。花序腋生，佛焰苞卵状，肉穗花序短。浆果黄绿色至红色，卵形或长圆形，长约1 cm。花果期全年。

生于山坡林下，常匍匐于岩石上或附生于树干上；常见。 全草入药，具有理气止痛、祛风湿、活血散瘀、消积、止咳的功效。

崖角藤属 *Rhaphidophora* Hassk.

本属约有120种，分布于西非、印度至马来西亚。我国有12种；广西有6种；姑婆山有1种。

狮子尾

Rhaphidophora hongkongensis Schott

附生藤本。茎粗壮，生气生根。叶柄腹面具槽，两侧叶鞘达关节；叶片通常镰状椭圆形，有时为长圆状披针形或倒披针形，由中部向叶基渐狭，先端锐尖至长渐尖。花序顶生和腋生；花序柄圆柱形；佛焰苞绿色至淡黄色，卵形，渐尖，蕾时席卷，花时脱落；肉穗花序圆柱形，顶钝。子房顶部近六边形，截平。花期4~8月。

生于山坡密林及疏林中；少见。　全株入药，具有祛瘀镇痛、消炎活血、润肺止咳、续筋接骨的功效，可用于脾肿大、高烧、风湿腰痛，外用于跌打损伤、骨折、烫火伤。

305. 香蒲科 Typhaceae

本科有2属约35种；分布于热带至温带地区。我国有2属23种；广西有1属3种；姑婆山有1种。

香蒲属 *Typha* L.

本属约有16种，分布于热带和温带地区。我国有12种；广西有3种；姑婆山有1种。

香蒲 东方香蒲

Typha orientalis C. Presl

多年生水生或沼生草本。地下根状茎乳白色。叶片线形，先端急尖，基部鞘状抱茎。穗状花序圆柱状，雌雄花序紧密连接；雄花序在上部，花序轴具柔毛，自基部向上具1~3枚叶状苞片，开花后脱落；雌花序基部具1枚叶状苞片；雌花无小苞片，基生多数丝状毛，丝状毛与花柱近等长或有时超出，短于柱头。小坚果椭圆形至长圆形。花果期5~8月。

生于路旁湿地；常见。 干燥花粉入药，具有止血化瘀、通淋的功效；叶片可用于造纸搓绳，以及编织麻袋、蒲包、蒲扇、蒲席等；嫩叶和根状茎顶端可作蔬菜食用；雌花序可作枕芯和坐垫的填充物；可栽培作观赏花卉。

306. 石蒜科 Amaryllidaceae

本科有100余属1 200种，分布于热带、亚热带及温带地区。我国约有10属34种；广西有4属13种1变种；姑婆山有3属5种，其中2属3种为栽培种。

石蒜属 *Lycoris* Herb.

本属有20多种，分布于中国、日本、缅甸、朝鲜。我国约有15种；广西有3种；姑婆山有2种。

分种检索表

1. 花黄色···忽地笑 *L. aurea*
1. 花红色···石蒜 *L. radiata*

石蒜 红花石蒜

Lycoris radiata (L'Hér.) Herb.

多年生草本。鳞茎近球形，直径1~3 cm，外皮紫褐色。秋季出叶，叶狭带状，长约15 cm，宽小于1 cm，先端钝，深绿色。花葶先叶抽出，花茎高约30 cm；伞形花序具花4~7朵，花瓣广展而强烈反卷，鲜红色；花被裂片狭倒披针形；雄蕊显著伸出于花被外，比花被长1倍左右。花期8~9月，果期10月。

生于山坡林缘、路旁草丛；少见。 鳞茎入药，具有解毒、祛痰、利尿、催吐的功效；有小毒。

307. 鸢尾科 Iridaceae

本科有70~80属约1 800种，世界广为分布，主要分布于非洲南部、亚洲和欧洲地区。我国有3属61种；广西有3属9种；姑婆山有2属4种，其中1种为栽培种。

分属检索表

1. 根状茎为不规则块状；花柱棒状，柱头3浅裂，不呈花瓣状；种子球形·········射干属 *Belamcanda*
1. 根状茎圆柱状；花柱分支扁平，花瓣状；种子梨形、半圆形或多角形·····················鸢尾属 *Iris*

射干属 *Belamcanda* Adans.

本属有1种，分布于亚洲东部地区。姑婆山亦产。

射干 扁蓄

Belamcanda chinensis (L.) Redouté

多年生草本。根状茎呈不规则块状，表面和断面均呈黄色。叶互生，嵌叠状排列；叶片剑形，基部鞘状抱茎，无中脉。二歧聚伞花序顶生，每分枝的顶端聚生有数朵花；花橙红色，散生暗红色斑点。蒴果倒卵形，顶端无喙，常残存有凋萎的花被，成熟时室背开裂。花期5~7月，果期6~9月。

生于林缘或山坡草地；少见。　根状茎有小毒，入药具有清热解毒、利咽消痰的功效；根状茎、花、种子泡酒服，可用于筋骨痛。

鸢尾属 *Iris* L.

本属约有 225 种，主产于北温带地区。我国约有 58 种；广西有 7 种；姑婆山有 3 种，其中 1 种为栽培种。

分种检索表

1. 外轮花被裂片中脉上无附属物；根状茎常膨大成球形或圆锥形⋯⋯⋯⋯**单苞鸢尾** *I. anguifuga*
1. 外轮花被裂片中脉上有附属物；根状茎呈长圆柱形⋯⋯⋯⋯⋯⋯⋯**小花鸢尾** *I. speculatrix*

单苞鸢尾 仇人不见面

Iris anguifuga Y. T. Zhao et X. J. Xue

多年生草本。冬季常绿，4~9月地上部分常枯萎。根状茎肥壮，近地面处常膨大呈球形、圆锥形。叶条状剑形。花茎高达45 cm，基部具条状披针形苞片1枚，苞片内有1朵花；花冠紫蓝色；花被裂片6枚，外轮3枚倒披针形，内轮3枚狭倒披针形；雄蕊3枚，着生外轮花被基部，花丝扁平；花柱拱形外弯，顶端裂片狭三角形。蒴果三棱柱状纺锤形，顶端具长喙。花期3月下旬，果期6月。

生于山坡疏林、路旁草丛中；少见。 根状茎入药，具有消肿解毒、泻下通便的功效，可用于毒蛇咬伤、毒蜂蜇伤、痈肿疮毒。

鸢尾科 Iridaceae

小花鸢尾 华鸢尾

Iris speculatrix Hance

多年生草本。根状茎二歧分枝。叶片略弯曲，剑形或条形，先端渐尖，基部鞘状，有 3~5 条纵脉。花茎光滑，不分枝或偶有侧枝，有 1~2 枚茎生叶；苞片 2~3 枚，狭披针形，内包含有 1~2 朵花；花冠蓝紫色或淡蓝色；花被管短而粗，有深紫色的环形斑纹，中脉上有鲜黄色的鸡冠状附属物；花柱分支扁平。蒴果椭圆形，长 5~5.5 cm，直径约 2 cm，顶端有细长而尖的喙。花期 5 月，果期 7~8 月。

生于山坡林缘、疏林下或路旁；少见。　根、根状茎入药，具有消积、活血化瘀、镇痛、行水、解毒的功效；可栽培作庭园观赏花卉。

小花鸢尾　华鸢尾

311. 薯蓣科 Dioscoreaceae

本科约有9属650种，广泛分布于热带和温带地区，特别是美洲热带地区。我国仅有1属，即薯蓣属*Dioscorea*，共52种；广西有26种4变种；姑婆山有6种。

分种检索表

1. 茎、叶背面及花序均被毛，至少在幼嫩时明显被毛；叶片卵状心形或圆心形 ………………………………………………………………………………………………**毛胶薯蓣** *D. subcalva*
1. 茎、叶背面及花序均无毛或略被毛。
  2. 茎基部或下部具刺。
    3. 块茎外皮不脱落；叶片阔披针形、长圆状卵形、椭圆状卵形 ………………**山薯** *D. fordii*
    3. 块茎外皮脱落；叶片常卵形、卵状披针形至披针形 ………………**光叶薯蓣** *D. glabra*
  2. 茎完全无刺。
    4. 雄穗状花序通常组成圆锥花序；叶片较宽阔，不为狭披针形 …………**褐苞薯蓣** *D. persimilis*
    4. 雄穗状花序1个至多个着生于叶腋；茎上部、下部叶片较一致，均为线状披针形至披针形或线形。
      5. 叶背有白粉 …………………………………………………………**柳叶薯蓣** *D. linearicordata*
      5. 叶背无白粉 …………………………………………………………**日本薯蓣** *D. japonica*

山薯

Dioscorea fordii Prain et Burkill

草质藤本。块茎长圆柱形。在茎下部的叶互生，在茎上部的为对生，纸质；叶片先端渐尖，基部形状多变，两面无毛。雄穗状花序通常组成圆锥花序；雄花序在果期长达25 cm或更长。蒴果不反折，扁圆形。花期8~9月，果期10~12月。

生于山坡、沟谷疏林或路旁的杂木林中；常见。块茎被称为"野淮山"，可食用，入药具有补脾养胃、生津益肺、补肾涩精的功效。

薯蓣科 Dioscoreaceae

光叶薯蓣

Dioscorea glabra Roxb.

缠绕草质藤本。根状茎短粗；茎基部有刺。单叶，在茎下部的互生，中部以上的对生；叶片常为卵形。雌雄异株；雄花序为穗状花序，常2~5个簇生或单生于花序轴上排列呈圆锥花序，有时单生或2个至数个簇生于叶腋；雄花外轮花被片近圆形，内轮为倒卵形；雄蕊6枚；雌花序为穗状花序，1~2个着生于叶腋；雌花外轮花被片近圆形，内轮为卵形。蒴果三棱柱状扁圆形。花期9~12月，果期12月至翌年1月。

生于山坡、路边、沟旁的常绿阔叶林下或灌丛中；常见。 块茎入药，具有通经活络、止血止痢、调经等功效。

薯蓣科 Dioscoreaceae

日本薯蓣

Dioscorea japonica Thunb.

　　缠绕草质藤本。块茎断面白色或有时带黄白色。叶片常三角状披针形、长椭圆状窄三角形或长卵形；叶在茎下部的互生，中部以上的对生。雄花序为穗状花序，长2~8 cm，花冠绿白色或淡黄色，花被片有紫色斑纹；雌花序为穗状花序，长6~20 cm。蒴果三棱柱状扁圆形。花期5~10月，果期7~11月。

　　生于山坡、山谷、溪沟边、路旁的杂木林下或草丛中；常见。　广西各地俗称"山薯"或"山药"，其块茎可食用；入药具有补脾养胃、生津益肝、补肾涩精的功效。

柳叶薯蓣

Dioscorea linearicordata Prain et Burkill

　　缠绕草质藤本。块茎长圆柱形。单叶，在茎下部的互生，在茎中部以上的对生；叶片纸质、线状披针形至披针形或线形，先端渐尖，基部圆形、微心形至心形，有时为箭形，两面无毛。雌雄花序均为穗状花序，单生于叶腋。蒴果三棱柱状扁圆形。花期6月，果期7月。

　　生于山坡林缘、路旁；常见。

薯蓣科 Dioscoreaceae

褐苞薯蓣

Dioscorea persimilis Prain et Burkill

　　草质藤本。块茎长圆柱形；茎常有4~8条纵棱。叶在茎下部的互生，在茎上部的对生；叶片卵形、三角状卵形或椭圆状卵形，极少近圆形，先端渐尖或凸尖，基部心形至箭形、戟形，两面小脉明显。雄穗状花序组成圆锥花序，有时穗状花序单生于叶腋而不分枝；雌花序穗状。蒴果扁圆形。花期8~9月，果期10~12月。

　　生于山坡、路旁、山谷杂木林或灌丛中；常见。　民间称"山薯"，块茎入药，具有滋补、健胃补脾的功效；可作蔬菜食用。

毛胶薯蓣

Dioscorea subcalva Prain et Burkill

缠绕草质藤本。茎有曲柔毛，老后逐渐脱落近无毛。叶片卵状心形或圆心形，先端渐尖或尾尖，表面无毛，背面有疏毛或无毛。花单性，雌雄异株；雄花2~6朵组成小聚伞花序，少数单生，若干个小花序再排成穗状花序，穗状花序长3~12 cm，通常2~3个着生于叶腋，被疏柔毛或无毛；雌花序穗状，长4~14 cm。蒴果三棱柱状倒卵形或三棱柱状长圆形，长1.5~3 cm，宽1~1.6 cm，全缘或浅波状。花期7~8月，果期9~10月。

生于山谷、山坡灌丛或林缘；常见。 块茎入药，具有健脾、补肺肾的功效；淀粉黏性大，可作黏合剂。

314. 棕榈科 Arecaceae

本科约有183属2 450种，分布于热带及亚热带地区，以美洲热带地区和亚洲热带地区为多。我国有18属77种；广西有20属48种；姑婆山有5属5种，其中4属4种为栽培种。

省藤属 *Calamus* L.

本属约有385种，主要分布于亚洲热带及亚热带地区。我国约有28种；广西有12种；姑婆山有1种。

白藤
Calamus tetradactylus Hance

攀缘藤本。叶片羽状全裂，长45~50 cm；羽片少，2~3片成组排列，先端的4~6片聚生，披针状椭圆形或长圆状披针形，先端突渐尖，具刚毛，边缘具刚毛状微刺；叶柄很短，无刺或具少量皮刺；叶鞘上稍具囊状突起，无刺或少刺。雌雄花序异型，雄花序部分三回分枝；雌花序二回分枝，顶端延伸为具爪的纤鞭。果球形，鳞片中央有沟槽，边缘有不明显的啮蚀状；种子背面具粗糙的小瘤突和沟或宽的洼穴。花果期5~6月。

生于沟谷密林及疏林中；少见。 藤茎可供编织藤器；全株入药，具有活血散瘀、解毒、杀虫的功效。

315. 露兜树科 Pandanaceae

本科有3属约800种，分布于东半球热带地区。我国有2属7种；广西有1属3种；姑婆山有1种。

露兜树属 *Pandanus* Parkinson

本属约有600种，主要分布于东半球热带地区，个别种分布于亚热带地区。我国有6种；广西有3种；姑婆山仅有1种。

露兜草 长叶露兜草

Pandanus austrosinensis T. L. Wu

多年生常绿草本。地下茎横卧，分枝，生有许多不定根；地上茎短，不分枝。叶片近革质，带状，长达 2 m，宽约 4 cm；先端渐尖成三棱柱形、具细齿的鞭状尾尖，基部折叠，边缘具向上的钩状锐刺。花单性，雌雄异株。聚花果椭圆状圆柱形或近圆球形，长约 10 cm，直径约 5 cm。花期 4~5 月，果期 11 月至翌年 1 月。

生于山坡、沟谷疏林中；常见。 根入药，具有清热除湿的功效。

318. 仙茅科 Hypoxidaceae

本科有7属120余种，主要分布于南半球和亚洲热带地区；我国有2属8种；广西有2属6种；姑婆山有1属1种。

仙茅属 *Curculigo* Gaertn.

本属约有20种，分布于亚洲、非洲、南美洲、大洋洲的热带和亚热带地区。我国有7种；广西有5种；姑婆山有1种。

大叶仙茅
Curculigo capitulata (Lour.) O. Kuntze

草本。根状茎粗厚，块状。叶常4~7枚，长圆状披针形或近长圆形，边缘全缘，先端长渐尖，具折扇状脉。花茎通常短于叶；总状花序强烈缩短成头状，俯垂；苞片卵状披针形至披针形；花冠黄色，花被裂片卵状长圆形；雄蕊长约为花被裂片长的2/3；花柱比雄蕊长；子房长圆形或近球形。浆果近球形。花期5~6月，果期8~9月。

生于沟谷密林及疏林中；少见。 根及根状茎入药，具有润肺化痰、止咳平喘、镇静健脾、补肾固精的功效。

323. 水玉簪科 Burmanniaceae

本科有16属约148种，分布于热带及亚热带地区。我国有3属13种；广西有1属6种；姑婆山有2种。

水玉簪属 *Burmannia* L.

本属有57种，分布于热带及亚热带地区。我国有10种；广西有6种；姑婆山有2种。

分种检索表

1. 花被筒具明显的翅；花序不呈头状⋯⋯⋯⋯⋯⋯⋯⋯⋯⋯⋯⋯⋯⋯**宽翅水玉簪** *B. nepalensis*
1. 花被筒无翅而仅有3条凸露的脉；花簇生，花序呈头状⋯⋯⋯⋯⋯⋯⋯**水玉簪** *B. championii*

宽翅水玉簪 石山水玉簪

Burmannia nepalensis (Miers) Hook. f.

一年生腐生草本。株高4~13 cm。无基生叶，茎生叶呈鳞片状，三角形。花为3~9朵二歧聚伞花序或1~2朵顶生；翅白色，常染黄色，稀淡蓝色；外轮花被裂片较小，药隔顶端有叉开的鸡冠状附属体，基部有垂悬的距。蒴果近球形，横裂。花果期7~12月。

生于山坡、沟谷密林及疏林中；常见。

326. 兰科 Orchidaceae

本科约有800属25 000种，绝大多数分布于热带地区，少数分布于温带地区。我国有194属约1 388种；广西有122属438种4变种；姑婆山有25属48种。

分属检索表

1. 花粉团柔软或粒粉质；叶无关节。
 2. 腐生，无绿叶。
  3. 花瓣、萼片合生成筒 ·· 天麻属 *Gastrodia*
  3. 花瓣、萼片离生。
   4. 唇瓣基部有距或呈囊状，中裂片上有纵褶片 ·················· 头蕊兰属 *Cephalanthera*
   4. 唇瓣基部无距，也不呈囊状，中裂片上无纵褶片 ·················· 无叶兰属 *Aphyllorchis*
 2. 自养植物，具绿叶。
  5. 叶片纸质或薄革质，具折扇状脉。
   6. 蕊喙长，直立；花粉块由具小团块的花粉团、花粉团柄和黏盘组成 ········ 竹茎兰属 *Tropidia*
   6. 蕊喙很小或几乎看不见；花粉块只有粒粉质的花粉团，无花粉团柄和黏盘 ······················
    ·· 头蕊兰属 *Cephalanthera*
  5. 叶草质或膜质，非折扇状脉。
   7. 花粉团粒粉质（不由小团块组成）···································· 绶草属 *Spiranthes*
   7. 花粉团团块状粒粉质（由松散的小团块组成）。
    8. 花药以狭窄的基部连接于蕊柱，与蕊柱不完全合生，其顶端通常变窄和延长，后期整个枯萎或脱落；花粉团柄从花药顶端伸出。
     9. 柱头1枚。
      10. 唇瓣与蕊柱分离，整个或下半部呈舟状或囊状，囊的末端不为2裂 ······················
       ·· 斑叶兰属 *Goodyera*
      10. 唇瓣基部多少贴生于蕊柱上，基部有囊或距，囊或距的末端浅2裂 ······················
       ·· 钳唇兰属 *Erythrodes*
     9. 柱头2枚，侧生。
      11. 唇瓣的距或囊内不具龙骨脊或隔膜 ······················ 线柱兰属 *Zeuxine*
      11. 唇瓣的距或囊内常有1~2条龙骨脊或隔膜。
       12. 唇瓣基部具圆柱形或纺锤形的距 ······················ 金线兰属 *Anoectochilus*
       12. 唇瓣基部无距。
        13. 唇瓣中部两侧内卷，边缘全缘 ······················ 菱兰属 *Rhomboda*
        13. 唇瓣中部两侧平展，边缘常具细齿或流苏状裂条 ·················· 齿唇兰属 *Odontochilus*
    8. 花药以宽阔的基部或背面贴生于蕊柱，其顶端不变窄，宿存；花粉团柄从花药基部伸出。
     14. 柱头通常1枚，偶见2枚 ······················ 舌唇兰属 *Platanthera*
     14. 柱头2枚，分离。
      15. 蕊喙臂极短；花药的2个药室平行 ······················ 阔蕊兰属 *Peristylus*
      15. 蕊喙臂长；花药的2个药室通常叉开 ······················ 玉凤花属 *Habenaria*

1. 花粉团蜡质或骨质，坚硬或较坚硬；叶常在基部具关节。

16. 植株为单轴生长，不具假鳞茎或肉质茎，也无根状茎或块茎············白点兰属 *Thrixspermum*

16. 植株为合轴生长，大多具假鳞茎或肉质茎，地下常有根状茎或块茎。

  17. 花粉团2个。

    18. 自养植物，具1片叶···吻兰属 *Collabium*

    18. 自养植物或腐生植物，前者具2片至多片叶，后者无叶·····················兰属 *Cymbidium*

  17. 花粉团4~8个。

    19. 花粉团8个。

      20. 蕊柱具明显蕊柱足。

        21. 叶1片；假鳞茎叶柄状···带唇兰属 *Tainia*

        21. 叶2片至多片；假鳞茎明显不同于叶柄······················虾脊兰属 *Calanthe*

      20. 蕊柱不具明显蕊柱足。

        22. 假鳞茎近球形至卵球形，罕有卵状圆锥形，具1~5片顶生叶；黏盘三角形·········
        ··苞舌兰属 *Spathoglottis*

        22. 假鳞茎圆筒形至圆锥形，极罕近球形，有时无假鳞茎而为长茎所代替，具数片至多片基生叶或侧生叶；黏盘非三角形或无。

          23. 植株较高大，具圆锥形、长卵形或近圆筒形的假鳞茎或延长的茎；叶疏生于茎的上部或假鳞茎顶端；唇瓣常与蕊柱分离··························鹤顶兰属 *Phaius*

          23. 植株较小，不具或具近卵球形的假鳞茎；叶近基生；唇瓣常与蕊柱合生·········
          ··虾脊兰属 *Calanthe*

    19. 花粉团4~6个。

      24. 腐生植物，无叶···兰属 *Cymbidium*

      24. 自养植物，具叶。

        25. 蕊柱具明显蕊柱足；萼囊清晰可见。

          26. 花序发自假鳞茎基部或根状茎上······················石豆兰属 *Bulbophyllum*

          26. 花序发自茎的上部或假鳞茎顶端······················石斛属 *Dendrobium*

        25. 蕊柱不具明显蕊柱足；萼囊不存在。

          27. 花瓣常卷曲成线条状··羊耳蒜属 *Liparis*

          27. 花瓣非上述情况。

            28. 叶1~2片，叶片通常纸质，多少具折扇状脉··············独蒜兰属 *Pleione*

            28. 叶2片至数片，叶片非上述情况··························兰属 *Cymbidium*

兰科 Orchidaceae

金线兰属 *Anoectochilus* Blume

本属有 40 多种，分布于亚洲亚热带至热带地区及大洋洲。我国有 18 种；广西有 4 种；姑婆山有 2 种。

分种检索表

1. 唇瓣基部距红褐色，距向上弯曲几乎呈U形·······················浙江金线兰 *A. zhejiangensis*
1. 唇瓣基部距白色，直或近直···金线兰 *A. roxburghii*

金线兰 金线莲、花叶开唇兰

Anoectochilus roxburghii (Wall.) Lindl.

地生草本。茎直立，具 2~4 片叶。叶片卵状椭圆形，长 1.3~3.5 cm，宽 0.8~3 cm，叶腹面暗绿色并有金黄色脉网，背面淡紫红色。总状花序顶生，长 3~5 cm，疏生 2~6 朵花；花序轴淡红色，花序轴和花序梗均被柔毛；花瓣白色带淡紫色晕，唇瓣白色，前端扩大成 Y 形，中部两侧裂成流苏状。花期 9~11 月。

生于山坡密林下；罕见。 国家二级重点保护植物；全草入药，具有清热润肺、消炎解毒的功效。

浙江金线兰

Anoectochilus zhejiangensis Z. Wei et Y. B. Chang

植株高8~16 cm。叶片宽卵状卵圆形，腹面呈天鹅绒状，绿紫色，具金红色、有绢丝光泽、美丽的脉网。总状花序具1~4朵花；唇瓣位于上方；中萼片卵形，凹陷，与花瓣黏合成兜状，侧萼片稍斜长圆形；花瓣倒披针形至倒长卵形；唇瓣呈Y形，中部收狭成爪，两侧各具1枚鸡冠状褶片，基部具距；距圆锥状；柱头2枚。花期7~8月。

生于山坡、路旁；罕见。 国家二级重点保护植物；全草入药，具有清热解毒、凉血、消肿的功效。

兰科 Orchidaceae

无叶兰属 *Aphyllorchis* Blume

本属约有30种，分布于亚洲热带地区至澳大利亚，北至日本和中国南部。我国有6种；广西有2种；姑婆山仅有1种。

无叶兰

Aphyllorchis montana Rchb. f.

植株高43~70 cm。茎直立，无绿叶，下部具多枚长0.5~2 cm抱茎的鞘，上部具数枚鳞片状、长1~1.3 cm的不育苞片。总状花序长10~20 cm，疏生几朵至10余朵花；花苞片反折，线状披针形，明显短于花梗和子房；子房有时略被微柔毛；花冠黄色或黄褐色；中萼片舟状，具3脉；花瓣较短而质薄，近长圆形；唇瓣在下部接近基部处缢缩而形成上下唇。花期7~9月。

生于山坡密林或疏林下；少见。　广西重点保护植物。

石豆兰属 *Bulbophyllum* Thouars

本属约有1 900种，分布于亚洲、美洲、非洲等热带和亚热带地区。我国约有104种；广西有25种；姑婆山有3种。

分种检索表

1. 花白色···广东石豆兰 *B. kwangtungense*
1. 花紫色。
  2. 唇瓣先端卷呈拳头状；花瓣边缘全缘·····································瘤唇卷瓣兰 *B. japonicum*
  2. 唇瓣先端不呈拳头状；花瓣边缘具细齿·····································齿瓣石豆兰 *B. levinei*

瘤唇卷瓣兰
Bulbophyllum japonicum (Makino) Makino

假鳞茎狭卵形或卵圆形，在纤细的根状茎上彼此相距约1 cm。叶片长圆形，先端锐尖。总状花序短缩成伞状，具2~4朵花；侧萼片比中萼片长1倍，基部上方扭转而上下侧边缘彼此黏合；花瓣近匙形，先端圆头状；唇瓣舌状，先端扩大呈拳卷状。花期6月。

生于山地阔叶林中树干上或沟谷阴湿岩石上；少见。 广西重点保护植物。

兰科 Orchidaceae

齿瓣石豆兰 瓶壶卷瓣兰

Bulbophyllum levinei Schltr.

　　假鳞茎聚生于根状茎，近圆柱形或瓶状。叶1片，薄革质，狭长圆形或倒卵状披针形，先端近钝尖。花葶侧生于假鳞茎基部，高出叶外；花序轴短，由2~6朵花组成伞状花序；花小，萼片卵状披针形，中部以上变窄并增厚，先端呈尾状急尖，中萼片边缘具细齿；花瓣卵状披针形，比萼片小，边缘具细齿。花期5~6月。

　　生于山坡、沟谷林下岩石上或树干上；少见。　广西重点保护植物；全草入药，具有滋阴降火、清热消肿的功效。

虾脊兰属 *Calanthe* Ker Gawl.

本属约有150种，主要分布于亚洲热带、亚热带地区及澳大利亚、新几内亚，少数见于非洲和美洲中部。我国有51种；广西有20种；姑婆山有5种。

分种检索表

1. 叶剑形或带状·····································剑叶虾脊兰 *C. davidii*
1. 叶不为剑形或带状。
  2. 花黄色·····································异大黄花虾脊兰 *C. sieboldopsis*
  2. 花非黄色。
    3. 叶4~5片；叶容易倒伏，叶脉多而密集·····································反瓣虾脊兰 *C. reflexa*
    3. 叶1~3片；叶挺立，叶脉少而疏。
      4. 唇瓣中裂片扁圆形，与侧裂片大小差异不大·····································翘距虾脊兰 *C. aristulifera*
      4. 唇瓣中裂片宽卵状楔形，远大于侧裂片·····································乐昌虾脊兰 *C. lechangensis*

翘距虾脊兰

Calanthe aristulifera Rchb. f.

假鳞茎近球形，具3枚鞘和2~3片叶。叶在花期尚未展开，倒卵状椭圆形或椭圆形。花葶1~2个出自假茎上端；总状花序疏生约10朵花；花冠白色或粉红色；中萼片长圆状披针形；侧萼片斜长圆形；花瓣狭倒卵形或椭圆形，比萼片稍短；唇瓣扇形，与整个蕊柱翅合生，中部以上3裂，侧裂片近圆形耳状或半圆形，中裂片扁圆形，唇盘具3~5（~7）条脊突；距圆筒形；蕊柱具翅，翅下延到唇瓣上并且与唇盘上的脊突相连接。花期2~5月。

生于山坡林下；少见。 广西重点保护植物；花艳丽，可栽培为观赏花卉。

兰科 Orchidaceae

剑叶虾脊兰
Calanthe davidii Franch.

无明显假鳞茎和根状茎，具数枚鞘和3~4片叶。叶片剑形或带状，先端急尖，基部收窄。花葶生于叶腋；总状花序密生许多小花；花冠黄绿色、白色或有时带紫色；萼片和花瓣反折；花瓣狭长圆状倒披针形；唇瓣宽三角形，基部无爪，与整个蕊柱翅合生，3裂，侧裂片长圆形、镰状长圆形至卵状三角形；唇盘在两侧裂片间具3枚等长或中间1枚较长的鸡冠状褶片；距圆筒形；蕊柱粗短。花期6~7月，果期9~10月。

生于山坡、山谷、密林下或溪边阴湿处；少见。 广西重点保护植物；根、假鳞茎、全草入药，具有清热解毒、散瘀、止痛的功效。

乐昌虾脊兰
Calanthe lechangensis Z. H. Tsi et T. Tang

根状茎不明显；假鳞茎圆锥形，常具3枚鞘和1片叶。叶在花期尚未展开，宽椭圆形，基部收狭成柄。花葶生于叶腋；总状花序疏生4~5朵花；中萼片卵状披针形，侧萼片稍斜长圆形，与中萼片等长，但稍狭；花瓣长圆状披针形；唇瓣倒卵状圆形，基部具爪，与整个蕊柱翅合生，3裂，两侧裂片间具3枚隆起的褶片，中裂片宽卵状楔形；距圆筒形；蕊柱具翅，翅三角形；蕊喙2裂。花期3~4月。

生于山坡疏林或密林下；少见。 广西重点保护植物；花朵奇特，颜色带淡粉色，极具观赏性。

兰科 Orchidaceae

反瓣虾脊兰

Calanthe reflexa Maxim.

假茎长2~3 cm，具1~2枚鞘和4~5片叶。叶两面无毛，花时全体展开。花葶1~2个，直立，远高出叶层，被短毛；总状花序长5~20 cm，疏生许多花；花冠粉红色，开放后萼片和花瓣反折并与子房平行；中萼片卵状披针形，先端呈尾状急尖，具5条脉，背面被毛；侧萼片与中萼片等大；花瓣线形，短于或约等长于萼片，无毛；唇瓣基部与蕊柱中部以下的翅合生，3裂，无距。花期5~6月。

生于山坡、路旁；常见。广西重点保护植物；全草入药，具有清热解毒、软坚散结、活血、止痛的功效；花艳丽，栽培可作观赏花卉。

异大黄花虾脊兰

Calanthe sieboldopsis B. Y. Yang & Bo Li

　　植株高35~45 cm。假鳞茎小，不明显，被叶基部遮蔽，具3~5基生鞘。叶4~7片，宽椭圆形，先端锐尖；叶柄状基部长9.5~16 cm，通常形成假茎。花茎生于叶腋，高30~45 cm，疏被微柔毛；花苞片宿存，披针形，被微柔毛；花冠亮黄色；花大，稍肉质，除唇瓣基部外无毛；花梗和子房被微柔毛；花瓣倒卵形至披针形；唇瓣黄色，基部具红色斑，3深裂；唇盘具3脊，延伸至中裂片中部；药帽喙状；花粉块8块，棍棒状，大小相等。花期4~5月，果期4~6月。

　　生于山谷、山坡阴湿处；少见。　广西重点保护植物；花朵奇特，颜色亮黄，极具观赏价值。

兰科 Orchidaceae

头蕊兰属 *Cephalanthera* Rich.

本属约有15种，主要分布于北温带及亚洲东部地区。我国有9种；广西有2种；姑婆山有1种。

金兰

Cephalanthera falcata (Thunb. ex A. Murray) Blume

植株高20~50 cm。叶4~7片，叶片椭圆形至卵状披针形。总状花序常有5~10朵花；花冠黄色；萼片长1.2~1.5 cm，宽3.5~4.5 mm；花瓣略短于萼片；唇瓣长8~9 mm，中裂片有5~7枚纵褶片，基部有距；距圆锥形；蕊柱长6~7 mm。蒴果狭椭圆形。花期5~6月。

生于山顶竹林中；少见。 广西重点保护植物；全草入药，具有清热解毒、泻火、消肿止痛、祛风、健脾、活血的功效，可用于脾虚食少、咽喉痛、牙痛、风湿痹痛、扭伤、骨折、毒蛇咬伤等。

吻兰属 *Collabium* Blume

本属约有7种，分布于亚洲热带地区和新几内亚。我国有3种；广西3种均产；姑婆山仅有1种。

台湾吻兰
Collabium formosanum Hayata

假鳞茎疏生于根状茎上，圆柱形，被鞘。叶先端渐尖，基部近圆形或楔形，具长1~2 cm的柄，边缘波状，具许多弧形脉。花葶长达38 cm；总状花序疏生4~9朵花；花序柄被3枚鞘；萼片和花瓣绿色，先端内面具红色斑点；中萼片和侧萼片具3条脉；花瓣与侧萼片相似；唇瓣白色带红色斑点和条纹，基部具长约5 mm的爪，3裂；距圆筒状，长约4 mm，末端钝。花期5~9月。

生于山坡、沟谷疏林下；常见。　广西重点保护植物。

兰科 Orchidaceae

兰属 *Cymbidium* Sw.

本属约有55种，分布于亚洲热带至亚热带地区，北到日本和喜马拉雅地区，南到新几内亚和澳大利亚。我国有49种；广西有25种；姑婆山有6种。

分种检索表

1. 叶片带形。

  2. 附生草本，花朵多而密·······························多花兰 *C. floribundum*

  2. 地生草本，花较少且疏。

    3. 每一花葶仅具1朵花·······························豆瓣兰 *C. serratum*

    3. 每一花葶具2朵花及以上。

     4. 花序中部的花苞片长度不到带梗子房的1/2。

      5. 叶宽1~1.5（2~5）cm，关节距基部2~4 cm；花葶常短于叶，秋季开花······建兰 *C. ensifolium*

      5. 叶宽（1.5~）2~3 cm，关节距基部3.5~7 cm；花葶常长于叶，冬季开花······墨兰 *C. sinense*

     4. 花序中部的花苞片长度为带梗子房的1/2或更长·············寒兰 *C. kanran*

1. 叶倒狭针状长圆形至狭椭圆形···························兔耳兰 *C. lancifolium*

多花兰

Cymbidium floribundum Lindl.

附生植物。假鳞茎近卵球形。叶通常5~6片，叶片带形。花葶自假鳞茎基部穿鞘而出，近直立或外弯；花序通常具10~40朵花，无香气；萼片与花瓣红褐色或偶见绿黄色，极罕为灰褐色；唇瓣近卵形，长1.6~1.8 cm，3裂；唇盘上有2条纵褶片，褶片末端靠合。蒴果近长圆形。花期4~8月。

生于山坡、沟谷疏林中的岩壁上；少见。　国家二级重点保护植物；花多而美丽，极具观赏价值；全草入药，具有清热解毒、滋阴润肺、化痰止咳的功效；根、假鳞茎入药，具有活血祛痰、消肿止痛、滋阴润肺、化痰止咳的功效。

豆瓣兰

Cymbidium serratum Schltr.

地生草本。假鳞茎卵球形，小。叶3~5枚，近顶生，叶片宽2~5 mm，边缘具细齿，质地较硬。花葶发自假鳞茎基部，顶端生1朵花，偶见2朵；花苞片远长于带梗子房；花无香味，花梗和子房通常浅紫红色；萼片和花瓣绿色，具紫红色中脉和更细的侧脉；唇瓣白色，具紫红色斑纹，3浅裂，中裂片下弯；萼片顶端边缘通常弯曲。花期2~3月。

生于多石山坡、林缘、林中透光处；少见。 国家二级重点保护植物；花优雅，极具观赏价值；全草入药，具有清热润燥、解毒消肿等功效。

兰科 Orchidaceae

寒兰

Cymbidium kanran Makino

地生草本。假鳞茎狭卵球形，长2~4 cm，包藏于叶基之内。叶3~5（7）片，前部边缘常有细齿，关节位于距基部4~5 cm处。花葶从假鳞茎基部叶腋中发出，疏生5~12朵花；花冠常为淡黄绿色；萼片狭长；花瓣略宽而短于萼片；唇瓣近卵形；蕊柱长1.3~1.5 cm。花期8~12月。

生于山坡林下、溪谷旁荫蔽处；少见。　国家二级重点保护植物；花优雅，具幽香，极具观赏价值；全草入药，具有清心润肺、止咳平喘的功效；根入药，具有清热、驱蛔的功效。

兔耳兰

Cymbidium lancifolium Hook.

半附生植物。假鳞茎近扁圆柱形或狭梭形，有节，顶端聚生2~4片叶。叶片倒披针状长圆形至狭椭圆形，腹部边缘有细齿，基部收狭为柄。花葶从假鳞茎下部侧面节上发出，直立；花序具2~6朵花，较少退化为单花或具更多的花；花冠通常白色至淡绿色，花瓣上有紫栗色中脉，唇瓣上有紫栗色斑，唇瓣稍3裂；花粉团4个，成2对。蒴果狭椭圆形，长约5 cm。花期5~8月。

生于山坡疏林或密林下、林缘岩石上、树上或地上；少见。 广西重点保护植物；全草入药，具有补肝肺、祛风除湿、强筋骨、清热解毒、消肿、润肺、宁神、固气、利水的功效。

兰科 Orchidaceae

石斛属 *Dendrobium* Sw.

　　本属约有1 100种，广泛分布于亚洲热带和亚热带地区至大洋洲。我国有78种；广西有31种；姑婆山有1种。

重唇石斛

Dendrobium hercoglossum Rchb. f.

　　附生兰。茎通常较短，除圆柱形外，有时上部变粗并且稍扁。叶狭长圆形或长圆状披针形，宽5~13 mm，先端钝并且不等侧2裂。总状花序通常数个，从已落叶的老茎上发出，常具2~3朵花；花开展，萼片和花瓣淡粉红色，唇瓣的后部半球形，内侧密布短毛。花期5~6月。

　　生于山地密林中树干上和山谷湿润岩石上；罕见。　国家二级重点保护植物；茎入药，具有滋阴益胃、清热润肺、生津止渴的功效。

钳唇兰属 *Erythrodes* Blume

本属约有20种，主要分布于亚洲热带地区至新几内亚及太平洋诸岛。我国有2种；广西有1种；姑婆山亦有。

钳唇兰 钳喙兰

Erythrodes blumei (Lindl.) Schltr.

植株高25~40 cm。叶片卵状椭圆形。花梗、花苞片和萼片的背面均被短柔毛；中萼片凹陷，长椭圆形，侧萼片斜椭圆形；花瓣倒披针形，与中萼片黏合成兜状；唇瓣基部具距，前部3裂，侧裂片直立而小，中裂片宽卵形，向外反折，距下垂，近圆筒状。花期4~5月。

生于沟谷、竹林下；少见。　广西重点保护植物。

兰科 Orchidaceae

天麻属 *Gastrodia* R. Br.

本属约有 20 种，主要分布于东亚、东南亚至大洋洲。我国有 15 种；广西有 12 种；姑婆山有 2 种。

分种检索表

1. 花被筒长5~6 mm，白色或多少带淡褐色·······················北插天天麻 *G. peichatieniana*
1. 花被筒长约1.7 cm，暗褐色······································春天麻 *G. fontinalis*

春天麻
Gastrodia fontinalis T. P. Lin

腐生植物。花期植株高7~17 cm。根状茎圆柱状，具节及披针状鳞片。花序有1~7朵花；花苞片狭三角形；花钟形，萼片与花瓣合生成筒，基部有时稍膨大，表面有疣状突起；中萼片离生部分三角状卵形，先端微凹；侧萼片离生部分宽三角形，先端尖；花瓣离生部分卵圆形，先端尖；唇瓣贴生于蕊柱足，卵形至椭圆形；唇盘具6~8条纵向脊，基部具2个胼胝体；合蕊柱具翅，翅狭三角形；柱头位于蕊柱腹面基部。蒴果椭圆形，果梗后期延长。花期3~4月，果期4~5月。

生于沟谷竹林下；罕见。 广西重点保护植物。

北插天天麻
Gastrodia peichatieniana S. S. Ying

腐生植物。植株高25~40 cm。根状茎多少块茎状，肉质；茎直立，无绿叶。总状花序具4~5朵花；花梗和子房白色或多少带淡褐色；花近直立，白色或多少带淡褐色；萼片和花瓣合生成细长的花被筒，顶端具5枚裂片；外轮裂片相似，三角形，边缘多少皱波状；内轮裂片略小；唇瓣小或不存在；蕊柱有翅，前方自中部至下部具腺点。花期10月。

生于山坡或山谷林下；罕见。　广西重点保护植物。

斑叶兰属 *Goodyera* R. Br.

本属约有100种，分布于除南美洲外的全世界热带至温带地区。我国有29种；广西有8种；姑婆山有4种。

分种检索表

1. 叶片腹面具白色或黄白色的斑纹······························斑叶兰 *G. schlechtendaliana*
1. 叶片腹面无白色或黄白色的斑纹或条纹。
　2. 茎顶端不往上伸直，叶贴地而生；侧萼片反折······················绿花斑叶兰 *G. viridiflora*
　2. 茎顶端往上伸直，叶与地面具有明显的空间；侧萼片不反折。
　　3. 花萼、子房无毛···光萼斑叶兰 *G. henryi*
　　3. 花萼、子房被毛···多叶斑叶兰 *G. foliosa*

多叶斑叶兰

Goodyera foliosa (Lindl.) Benth. ex Hook. f.

植株高15~25 cm。茎直立，长9~17 cm，具4~6枚叶。叶疏生于茎上或集生于茎的上半部；叶片卵形至长圆形，偏斜，先端急尖，基部楔形或圆形；叶柄长1~2 cm，基部扩大成抱茎的鞘。花茎直立，长6~8 cm，被毛；总状花序具几朵至多朵密生而常偏向一侧的花；花中等大；花冠白色带粉红色、白色带淡绿色或近白色；花瓣斜菱形，无毛，与中萼片黏合呈兜状。花期7~9月。

生于山坡林下或沟谷阴湿处；少见。　广西重点保护植物；全草入药，可用于肺痨、肝炎、痈疖疮肿、毒蛇咬伤等症。

光萼斑叶兰

Goodyera henryi Rolfe

植株高10~15 cm。茎直立，具4~6枚叶。叶4~6片，常集生于茎的上半部，叶片偏斜，卵形至椭圆形。花茎无毛，花序梗极短或几乎无梗；总状花序具花3~9朵；花较小，半张开；花冠白色或略带粉红色；萼片背面无毛；花瓣菱形；唇瓣基部囊内有密毛。花期8~9月。

生于山坡、山顶林下；常见。　广西重点保护植物；全草入药，具有清热解毒、润肺化痰的功效，可用于肺痨、肺热咳嗽、蛇伤等。

斑叶兰 大斑叶兰

Goodyera schlechtendaliana Rchb. f.

地生兰。植株高15~35 cm。基部有肉质匍匐根状茎。叶4~6枚，互生于茎下部；叶片狭卵形或卵形，腹面具白色或黄白色不规则的点状斑纹。花茎直立，长10~28 cm，被长柔毛，具3~5枚鞘状苞片；总状花序具花5~12朵，偏向一侧；花冠白色或带粉红色；唇瓣卵形，基部凹陷呈囊状，内面具多数腺毛。花期8~10月。

生于山坡、沟谷、路旁林下；常见。 广西重点保护植物；全草入药，具有润肺止咳、解毒活血、消肿止痛、软坚散结的功效。

玉凤花属 *Habenaria* Willd.

本属约有600种，分布于热带、亚热带和温带地区。我国有54种；广西有16种；姑婆山仅有3种。

分种检索表

1. 唇瓣3裂，每裂片再多裂，裂条均细丝状·······················**丝裂玉凤花** *H. polytricha*
1. 唇瓣3裂，侧裂不再分裂。
  2. 唇瓣裂片极狭窄，丝状·····························**毛葶玉凤花** *H. ciliolaris*
  2. 唇瓣裂片非丝状·······························**橙黄玉凤花** *H. rhodocheila*

毛葶玉凤花

Habenaria ciliolaris Kraenzl.

地生兰。植株高 25~60 cm。具肉质的块茎；茎直立粗壮，近中部具 5~6 片集生的叶。叶片椭圆状披针形或椭圆形。总状花序具 6~15 朵花，花葶具棱，棱上具长柔毛；花冠白色或绿白色，中萼片的背面具 3 条片状具细齿或近全缘的龙骨状突起；唇瓣 3 裂，裂片丝状。花期 7~8 月，果期 9~10 月。

生于山坡或沟边林下荫处；少见。 广西重点保护植物；块根、全草入药，具有清热生津、滋阴补肾、补血、补气的功效。

兰科 Orchidaceae

丝裂玉凤花

Habenaria polytricha Rolfe

　　植株高40~80 cm。茎粗壮，直立，中部具7~8（10）片集生的叶。叶片长椭圆形或长圆状披针形。总状花序具6~15（40）朵密生的花；花冠绿白色；花中等大；萼片绿色，先端具长尾尖；花瓣2裂，上裂片再2裂，下裂片再3~5裂，裂片均为丝状；唇瓣淡绿色或白色，3裂，裂片均再裂成丝状；距圆筒状棒形。花期8~9月。

　　生于山坡林下；少见。　广西重点保护植物；花朵形态奇特，极具观赏价值。

橙黄玉凤花

Habenaria rhodocheila Hance

地生兰。植株高8~35 cm。具肉质的块茎；茎直立粗壮，下部具4~6片叶。叶片线状披针形至近长圆形，长10~15 cm，宽1.5~2 cm，基部抱茎。总状花序具2~10朵花；花冠橙黄色；唇瓣4裂，形似飞机而易于识别。蒴果纺锤形，长约1.5 cm，顶端具喙。花期7~8月，果期10~11月。

生于山坡、路旁；常见。　广西重点保护植物；花朵形态奇特，极具观赏价值；块茎入药，具有滋阴润肺、止咳、消肿的功效；全草入药，具有补肾壮阳、纳气止喘的功效。

兰科 Orchidaceae

羊耳蒜属 *Liparis* Rich.

本属约有320种，分布于热带和亚热带地区，少数种类也分布于北温带地区。我国有63种；广西有24种；姑婆山有3种。

分种检索表

1. 地生草本···见血青 *L. nervosa*
1. 附生草本。
 2. 叶片长5~22 cm；花梗和子房明显长于花苞片；唇瓣基部有2个胼胝体··镰翅羊耳蒜 *L. bootanensis*
 2. 叶片长2~7 cm；花梗和子房与花苞片近等长；唇瓣基部不具胼胝体······长苞羊耳蒜 *L. inaperta*

镰翅羊耳蒜
Liparis bootanensis Griff.

附生草本。假鳞茎密集，卵形至狭卵状圆柱形，顶端生1片叶。叶片狭长圆状倒披针形至狭长圆形。花葶略扁；总状花序具数朵至20多朵花；花冠黄绿色而稍带褐色，少有近白色；萼片长3.5~6 mm；花瓣狭线形；唇瓣近宽的长圆状倒卵形，基部有2个胼胝体或两者合一；蕊柱上部具2枚镰状或钩状的翅。蒴果长8~10 mm。花期8~10月，果期3~5月。

生于路旁、山坡岩石上；少见。 广西重点保护植物；全草入药，具有清热解毒、祛瘀散结、活血调经、除湿的功效。

长苞羊耳蒜
Liparis inaperta Finet

附生草本。植株较小。假鳞茎稍密集，卵形，顶端生1片叶。叶片倒披针状长圆形或长圆形。花葶两侧具狭翅；总状花序具数朵花；花小；侧萼片略宽于中萼片；花瓣狭线形，略呈镰状；唇瓣近长圆形，无胼胝体或褶片；蕊柱上部有2枚略呈三角形并下弯呈钩状的翅。蒴果长5~6 mm。花期9~10月，果期翌年5~6月。

生于山坡、沟谷岩石上；常见。　广西重点保护植物；全草入药，具有化痰、止咳、润肺的功效。

兰科 Orchidaceae

见血青

Liparis nervosa (Thunb.) Lindl.

地生兰。植株具圆柱形、多节的肉质茎。叶2~5片，草质或膜质，卵形至卵状椭圆形，长5~16 cm，宽3~8 cm，边缘全缘，基部收狭并下延成鞘状柄。花葶发自茎顶端，长10~25 cm；总状花序具数朵至10多朵花；花冠紫色；花瓣丝状，唇瓣长圆状倒卵形，长约6 mm。花期2~7月，果期10月。

生于路旁、山坡林下；常见。 广西重点保护植物；全草入药，具有清热解毒、生新散瘀、消肿止痛、清肺止血、凉血的功效。

齿唇兰属 *Odontochilus* Blume

本属约有40种，分布于亚洲热带地区至大洋洲。我国有11种；广西有5种；姑婆山有2种。

分种检索表

1. 腐生草本，无叶；唇瓣黄色·······························齿爪叠鞘兰 *O. poilanei*

1. 非腐生草本，具叶；唇瓣白色·························西南齿唇兰 *O. elwesii*

西南齿唇兰

Odontochilus elwesii C. B. Clarke ex Hook. f.

植株高15~25 cm。叶片卵形或卵状披针形。总状花序具2~4朵较疏生的花；花大；中萼片卵形，凹陷，与花瓣黏合成兜状，侧萼片稍张开，斜卵形；花瓣斜半卵形，镰状，先端渐狭或骤狭成长或短的尖头；唇瓣位于下方，呈Y形，爪前部两侧各具4~5条不整齐的短流苏状齿，后部两侧各具细圆齿；柱头2枚。花期6~8月。

生于山坡或沟谷常绿阔叶林下阴湿处；少见。 广西重点保护植物；全草入药，具有消肿、止痛的功效，可用于跌打损伤。

兰科 Orchidaceae

齿爪叠鞘兰　齿爪齿唇兰、齿爪翻唇兰

Odontochilus poilanei (Gagnep.) Ormerod

植株高12~18 cm。根粗壮，短，肥厚，肉质。茎粗壮，直立，带紫红色，具密集带紫红色的鞘状鳞片。总状花序具几朵至10多朵花；花苞片卵形，先端渐尖；子房圆柱形；花较大，萼片和花瓣均带紫红色；唇瓣位于上方，深黄色，基部稍扩大且凹陷成囊状，中部收狭成爪，前部扩大，2裂，裂片两面具细乳突，其边缘具不整齐的缺刻状齿和在靠近先端中部处各具1条细长的流苏状裂条，在裂条之间叉开成深的V形缺口。花期8~9月。

生于山坡林下；少见。　广西重点保护植物。

阔蕊兰属 *Peristylus* Blume

本属约有70种，分布于亚洲热带地区至大洋洲。我国有19种；广西有7种；姑婆山有1种。

狭穗阔蕊兰

Peristylus densus (Lindl.) Santapau et Kapadia

植株高11~65 cm。叶片长圆形或长圆状披针形。总状花序具多数密生的花；花小，萼片等长，中萼片狭长圆形或狭长圆状卵形，侧萼片线状长圆形；花瓣狭卵状长圆形，较中萼片稍短且厚；唇瓣3裂，在侧裂片后方具1条横的隆起脊将唇瓣分成上唇和下唇，中裂片直，三角状线形，侧裂片线形或线状披针形；距细圆筒状棒形。花期5~10月。

生于路旁、山坡；少见。 广西重点保护植物；块茎入药，具有补虚、健胃的功效。

兰科 Orchidaceae

鹤顶兰属 *Phaius* Lour.

本属约有40种，广泛分布于非洲、亚洲热带和亚热带地区至大洋洲。我国有9种；广西有4种；姑婆山仅有2种。

分种检索表

1. 花冠黄色··黄花鹤顶兰 *P. flavus*
1. 花冠白色带紫色··鹤顶兰 *P. tancarvilleae*

黄花鹤顶兰　斑叶鹤顶兰

Phaius flavus (Blume) Lindl.

假鳞茎卵状圆锥形，被鞘。叶4~6枚，常具黄色斑块，长椭圆形或椭圆状披针形。总状花序具数朵至20朵花；花柠檬黄色；中萼片长圆状倒卵形，先端钝；侧萼片斜长圆形，与中萼片等长；花瓣长圆状倒披针形，约与萼片等长；唇瓣贴生于蕊柱基部，倒卵形，前端3裂；侧裂片近倒卵形，围抱蕊柱，先端圆形；中裂片近圆形，先端微凹，前端边缘具波状皱褶；唇盘具3~4条突脊；具距。花期4~10月。

生于山坡疏林下；少见。　广西重点保护植物；花大，鲜艳而美丽，极具观赏价值；假鳞茎入药，可用于解毒、收敛、生肌、消瘰疬等。

舌唇兰属 *Platanthera* Rich.

本属约有200种，分布于北半球，向南可达中美洲和亚洲热带地区。我国有42种；广西有7种；姑婆山有2种。

分种检索表

1. 无叶；唇瓣舌状三角形，向前伸展·······················**福建舌唇兰** *P. fujianensis*

1. 具1~3枚叶；唇瓣舌状，下垂································**小舌唇兰** *P. minor*

福建舌唇兰

Platanthera fujianensis B. H. Chen & X. H. Jin

植株无叶，绿色，高18~20 cm。根状茎圆柱形；茎直立，具6~8枚管状的基生鞘。花序有13~18朵花；苞片披针形，等于或稍短于子房；子房圆柱形；花冠灰绿色，萼片和花瓣疏生棕色斑点，唇瓣黄色；中萼片宽卵形，先端钝；侧萼片长圆状披针形，先端钝，向子房反折；花瓣斜卵形，渐尖，与中萼片紧靠合成帽状；唇瓣舌状三角形，向前延伸；距圆柱状锥形，先端渐尖，或多或少垂直于唇瓣基部；柱头裂片3枚，在蕊喙下凹入。花期5~6月。

生于山坡疏林或密林下荫蔽处；少见。　广西重点保护植物。

兰科 Orchidaceae

小舌唇兰

Platanthera minor (Miq.) Rchb. f.

植株高20~60 cm。根状茎膨大呈块茎状，肉质；茎粗壮，直立，下部具1~3枚大叶。叶片椭圆形、卵状椭圆形或长圆状披针形。总状花序具多数疏生的花；花较小，花冠黄绿色；中萼片宽卵形，侧萼片反折，为偏斜的椭圆形；花瓣斜卵形，渐狭，先端钝；唇瓣舌状；距细圆筒状，下垂，向前稍弯曲；黏盘圆形。花期5~6月。

生于山坡疏林或密林下；少见。 广西重点保护植物；全草或带根全草入药，具有养阴润肺、益气生津的功效，可用于咳嗽带血、咽喉肿痛、病后体虚、遗精、头昏身软、肾虚腰痛、咳嗽气喘、肠胃湿热、小儿疝气等。

独蒜兰属 *Pleione* D. Don

本属约有26种，分布于中国秦岭山脉以南至喜马拉雅地区、泰国、老挝以及越南。我国有23种；广西有3种；姑婆山仅有1种。

独蒜兰

Pleione bulbocodioides (Franch.) Rolfe

半附生草本。假鳞茎卵状圆锥形，上端有长颈，顶端生1枚叶。叶片狭椭圆状披针形。花期近无叶或叶很幼小；花单朵，稍俯垂；花冠粉红色至淡紫红色；萼片与花瓣相似；唇瓣倒卵形，不明显3裂；唇盘上通常具5枚纵褶片。花期4~6月。

生于山坡、沟谷石壁上；少见。　国家二级重点保护植物；花大，颜色鲜艳，极具观赏价值；假鳞茎入药，具有清热解毒、消肿散结、化痰、活血、止血的功效；叶入药，可用于乳痈；花入药，可用于尿血、热淋涩痛。

菱兰属 *Rhomboda* Lindl.

本属约有25种，分布于喜马拉雅山脉到印度东北部，经中国南部、东南部至日本南部，以及亚洲东南部至新几内亚岛和太平洋西南部群岛。我国有4种；广西有3种；姑婆山有1种。

白肋菱兰 白肋翻唇兰
Rhomboda tokioi (Fukuy.) Ormerod

植株高10~25 cm。根状茎伸长。叶片为偏斜的卵形或卵状披针形。花葶具1~3枚鞘状苞片；总状花序具3~15朵花；花苞片卵状披针形，边缘撕裂状；子房圆柱形；花小；中萼片宽卵形，先端急尖，与花瓣黏合成兜状，侧萼片斜卵形，先端急尖；花瓣斜卵形，极不等侧，先端急尖；唇瓣位于上方，兜状卵形，近中部3裂。花期9~10月，果期12月至翌年2月。

生于山坡疏林或密林下；少见。　广西重点保护植物。

苞舌兰属 *Spathoglottis* Blume

本属约有46种，主要产于亚洲热带地区至澳大利亚，尤其以新几内亚为多。我国有3种；广西仅有1种；姑婆山亦有。

苞舌兰
Spathoglottis pubescens Lindl.

假鳞茎扁球形，被革质鳞片状鞘，顶生1~3枚叶。叶片带状或狭披针形，长达43 cm，两面无毛。花葶长达50 cm，密布柔毛，下部被数枚紧抱于花序柄的筒状鞘；总状花序长2~9 cm，疏生2~8朵花；花梗和子房长2~2.5 cm，密布柔毛；花冠黄色；唇瓣约与花瓣等长，3裂，唇盘上具3条纵向的龙骨脊。花期7~10月。

生于山坡、路旁灌草丛中；少见。 广西重点保护植物；花大，颜色鲜艳，极具观赏价值；块茎入药，具有清热解毒、补肺、止咳、生肌、敛疮的功效；可用于肺热咳嗽、咯痰不利、肺痨咯血、跌打损伤、疮疖痈毒和溃烂等。

兰科 Orchidaceae

绶草属 *Spiranthes* Rich.

本属约有50种，分布于北温带地区。我国有3种；广西有2种；姑婆山有1种。

香港绶草

Spiranthes hongkongensis S. Y. Hu & Barretto

植株高8~35 cm。茎直立，近基部生2~4枚叶。叶片线状倒披针形或线形。总状花序顶生，具多数呈螺旋状排列的小花；花冠白色、淡红色至紫红色；花苞片卵形，长渐尖；萼片离生，中萼片椭圆形，侧萼片与中萼片等长但较狭；花瓣与中萼片等长但较薄；唇瓣近卵状长圆形，中部以上具强烈的皱波状啮齿。花期5~7月。

生于山坡、沟谷的荒草地；少见。　广西重点保护植物；全草入药，具有滋阴补气、清热生津、益气解毒的功效。

带唇兰属 *Tainia* Blume

本属约有32种，分布于斯里兰卡和印度，北至中国和日本，南从缅甸到新几内亚和太平洋诸岛均有分布。我国约有13种；广西有8种；姑婆山有1种。

带唇兰
Tainia dunnii Rolfe

假鳞茎暗紫色，顶生1枚叶。叶片狭长圆形或椭圆状披针形，基部渐狭为柄；叶柄长2~6 cm，具3条脉。花葶直立，纤细，长30~60 cm，具3枚筒状膜质鞘，基部的2枚鞘套叠；总状花序长达20 cm；花序轴红棕色，疏生多数花；花苞片红色；花梗和子房红棕色；花冠黄褐色或棕紫色；花瓣与萼片等长而较宽，具3条脉；唇瓣近圆形，前部3裂；侧裂片淡黄色；中裂片黄色，横长圆形，先端近截形或凹缺而具1个短凸；唇盘上面无毛，具3条褶片。花期通常3~4月。

生于山坡、沟谷林下；常见。 广西重点保护植物。

兰科 Orchidaceae

白点兰属 *Thrixspermum* Lour.

本属约有100种，分布于亚洲热带地区至大洋洲。我国有14种；广西有2种；姑婆山仅有1种。

长轴白点兰

Thrixspermum saruwatarii (Hayata) Schltr.

茎直立或斜立。叶2列，长圆状镰形。花序侧生；花序疏生数朵花；花苞片彼此疏离，宽卵状三角形；花冠白色；中萼片椭圆形，先端钝，侧萼片稍斜卵形，约与中萼片等大，先端锐尖；花瓣狭椭圆形，比萼片小，先端钝；唇瓣小，3裂，基部浅囊状，侧裂片直立，长椭圆形，中裂片肉质，很小，齿状三角形；唇盘基部密布红紫色或金黄色的毛；蕊柱与唇瓣连接处具1个关节。花期3~4月。

生于山坡林下树干上；少见。 广西重点保护植物。

竹茎兰属 *Tropidia* Lindl.

本属约有20种，分布于亚洲热带地区至太平洋岛屿，美洲中部和北美东南部也有。我国有7种；广西有3种；姑婆山有1种。

阔叶竹茎兰

Tropidia angulosa (Lindl.) Blume

植株高16~45 cm。茎单生或2条聚生，偶见1条分枝。叶2枚，生于茎顶端，近对生状；叶片椭圆形或卵状椭圆形，坚纸质。总状花序生于茎顶端，具10多朵花或更多；花冠绿白色；中萼片与侧萼片合生，仅先端分离，围抱唇瓣并与距连成一体；花瓣略狭于萼片；唇瓣近长圆形；距筒状。花期9月，果期12月至翌年1月。

生于山坡密林下或林缘；罕见。 广西重点保护植物。

兰科 Orchidaceae

线柱兰属 *Zeuxine* Lindl.

本属约有46种，分布于亚洲热带及亚热带地区。我国有12种；广西有4种；姑婆山有1种。

宽叶线柱兰
Zeuxine affinis (Lindl.) Benth. ex Hook.f.

植株高13~30 cm。根状茎伸长，匍匐，肉质；茎直立，向上转呈绿褐色。叶片卵形、卵状披针形或椭圆形，先端急尖或钝，叶在花开放时常凋萎、下垂。总状花序具数朵至10多朵花；花苞片卵状披针形；花较小；中萼片宽卵形，凹陷，先端钝或急尖，侧萼片斜卵状长圆形，先端钝；花瓣白色，斜长椭圆形，与中萼片等长，先端钝，与中萼片黏合成兜状；唇瓣白色，呈Y形，前部扩大成2裂，裂片倒卵状扇形。花期2~4月。

生于山坡或沟谷林下荫处；少见。 广西重点保护植物。

327. 灯心草科 Juncaceae

本科约有8属400种，全世界广泛分布，主要分布于温带和寒带湿地。我国有2属约92种；广西有1属8种；姑婆山有3种。

灯心草属 Juncus L.

本属约有240种，主要分布于温带和寒带地区。我国约有76种；广西有8种；姑婆山有3种。

分种检索表

1. 叶片线状扁平或圆柱状；花序顶生···笋石菖 J. prismatocarpus
1. 叶片退化成刺芒状或鞘状，花序假侧生。
  2. 茎细弱，直径0.8~1.5 mm；花被片卵状披针形·······················野灯心草 J. setchuensis
  2. 茎较粗壮，直径1.5~4 mm；花被片线状披针形·······················灯心草 J. effusus

灯心草 大灯心、虎须草

***Juncus effusus* L.**

多年生草本。植株高0.4~1 m。根状茎横走；茎丛生，圆柱形，淡绿色，有纵条纹，直径1.5~4 mm，茎内充满白色的髓心。叶鞘状，围生于茎基部，基部紫褐色至黑褐色；叶片退化呈刺芒状；聚伞花序假侧生；含多花，排列紧密或疏散；花冠淡绿色；花被片线状披针形。蒴果长圆形。花期4~7月，果期6~9月。

生于山坡、沟谷；常见。全草入药，具有降心火、清肺热、利尿、镇静的功效；髓心可供点灯，可作纤维原料供造纸和人造棉用，可编织席子、草帽、绳索等。

灯心草科 Juncaceae

笄石菖 江南灯心草
Juncus prismatocarpus R. Br.

多年生草本。根状茎短，茎簇生，近圆柱形或稍扁。叶片扁平，条形或近圆柱形，中空而有横隔，外形呈贯连的竹节状；叶耳细小，膜质。由数朵小头状花序构成复聚伞花序；花被片6枚，线状披针形，等长；雄蕊3枚，短于花被片。蒴果三棱柱状圆锥形；种子长卵形，具小尖头。花期6~10月。

生于山坡、路旁湿润荒地上；常见。 茎髓入药，具有清热降水、利尿通淋、清凉、镇静、安神的功效；全草入药，具有清热除烦、利水通淋的功效。

野灯心草
Juncus setchuensis Buchen. ex Diels

多年生草本。根状茎短而横走；茎丛生，直立，圆柱形，有深沟，髓白色。叶全为低出叶，鞘状，包茎基部，基部红褐色至棕褐色；叶片刺芒状。聚伞花序假侧生，具多花；苞片生于茎顶；小苞片2枚，三角状卵形；花冠淡绿色；雄蕊3枚，稍短于花被片；花被片卵状披针形，等长；柱头3分叉。蒴果卵形，具3个不完全的隔膜。花期5~7月，果期6~9月。

生于路旁、山坡林下阴湿处或溪旁；常见。　为编织席子的原料；茎髓及全草入药，具有利尿通淋、泄热安神的功效。

331. 莎草科 Cyperaceae

本科约有106属5 400余种，除南极外，广泛分布于各大洲。我国有33属865种；广西有26属193种；姑婆山有10属39种，其中1种为栽培种。

分属检索表

1. 雌花的基部有先出叶···薹草属 Carex
1. 雌花无先出叶。
  2. 花单性，小穗排列为圆锥花序或间断的穗状花序······························珍珠茅属 Scleria
  2. 花两性。
    3. 小穗的鳞片排成2列；花无下位刚毛。
      4. 柱头3枚；小坚果三棱柱形···莎草属 Cyperus
      4. 柱头2枚；小坚果平凸或双凸···水蜈蚣属 Kyllinga
    3. 小穗的鳞片螺旋状排列；花具下位刚毛，极少因退化而无下位刚毛。
      5. 小穗具多数两性花。
        6. 花柱基部膨大，在花柱基部与小坚果连接处有明显的界限。
          7. 小穗多数；叶片一般存在；花无下位刚毛；花柱基部脱落············飘拂草属 Fimbristylis
          7. 小穗单生；叶片不存在；下位刚毛3~8条，极少无下位刚毛；花柱基部宿存··············
            ···荸荠属 Eleocharis
        6. 花柱基部不膨大，在花柱基部与小坚果连接处无明显的界限。
          8. 花序为复出长侧枝聚伞花序，顶生·······································藨草属 Scirpus
          8. 花序为单小穗或多小穗聚成头状、椭圆状或蝎尾状聚伞花序··········针蔺属 Trichophorum
      5. 小穗具少数两性花或单性花，两性花生于小穗的顶部或中部。
        9. 柱头2枚；小坚果双凸状，顶端有明显的喙；秆通常三棱柱状；无匍匐根状茎··············
          ···刺子莞属 Rhynchospora
        9. 柱头3枚；小坚果三棱柱状或圆筒状，常无明显的喙；秆圆柱状，一般具匍匐根状茎··········
          ···黑莎草属 Gahnia

薹草属 *Carex* L.

本属约有2 000种，广泛分布于各大洲。我国有527种；广西有66种；姑婆山有16种。

分种检索表

1. 小穗少数至多数，通常较稀疏地排列成总状花序或圆锥花序，少数排列成穗状花序，单性或两性，具柄，少数柄很短或近无柄；枝先出叶发育，囊状或鞘状；柱头通常3枚，少数2枚。
  2. 小穗两性，花两性，极少单性，通常排列成复花序，小穗基部的枝先出叶囊状，内有时具1朵雌花。
    3. 秆中生；秆生叶发达；苞片叶状。
      4. 果囊肿胀，球形，近革质，成熟时血红色·······························浆果薹草 C. baccans
      4. 果囊非上述情况。

　　5. 雌花鳞片先端无芒；花柱基部不增粗 ·················· 蕨状薹草 *C. filicina*

　　5. 雌花鳞片先端具芒；花柱基部增粗 ·················· 十字薹草 *C. cruciata*

　3. 秆侧生；秆生叶退化呈佛焰苞状；苞片亦为佛焰苞状。

　　6. 根生叶簇生，叶片芦叶状 ·················· 花葶薹草 *C. scaposa*

　　6. 根生叶数枚常形成一束较高的分蘖枝，叶片禾叶状 ·················· 广西薹草 *C. kwangsiensis*

　2. 小穗单性或单性与两性兼有，罕全为两性，小穗单个或多个生于苞片腋内，少数排列成复花序，小穗基部的枝先出叶鞘状，内无花。

　7. 果囊平凸状或双凸状；柱头2枚。

　　8. 苞片无鞘；雌小穗具密生的花 ·················· 镜子薹草 *C. phacota*

　　8. 苞片具鞘；雌小穗具疏生的花 ·················· 褐果薹草 *C. brunnea*

　7. 果囊三棱柱形；柱头3枚。

　9. 果囊近无喙或具短喙，喙口截形、微缺或微呈2齿。

　　10. 果囊无毛或微粗糙，花柱基部不膨大 ·················· 长梗薹草 *C. glossostigma*

　　10. 果囊被毛或少数无毛，花柱基部弯曲或膨大。

　　　11. 小坚果先端具宿存弯曲的花柱基部 ·················· 隐穗薹草 *C. cryptostachys*

　　　11. 小坚果先端不具宿存的花柱基部，若具宿存的花柱基部则基部直而不弯曲或稍膨大呈僧帽状尖端 ·················· 贺州薹草 *C. hezhouensis*

　9. 果囊具长喙，喙口具或长或短的2齿，少数近截形或微具2齿。

　　12. 叶片上具小横隔脉 ·················· 密苞叶薹草 *C. phyllocephala*

　　12. 叶片上无小横隔脉。

　　　13. 雌花鳞片暗紫红色或深褐色；果囊扁三棱柱形 ·················· 霹雳薹草 *C. perakensis*

　　　13. 雌花鳞片色淡，少数为深褐色；果囊三棱柱形。

　　　　14. 秆侧生；小坚果棱上缢缩 ·················· 藏薹草 *C. thibetica*

　　　　14. 秆中生；小坚果棱上不缢缩或也不具刻痕。

　　　　　15. 果囊被毛，具多脉 ·················· 中华薹草 *C. chinensis*

　　　　　15. 果囊无毛，脉不明显 ·················· 柔果薹草 *C. mollicula*

1. 小穗多数，全部为两性，无柄，常密集地排列成穗状花序；枝先出叶不发育；柱头2枚 ·················· 穹隆薹草 *C. gibba*

莎草科 Cyperaceae

浆果薹草 红果苔

Carex baccans Nees

多年生草本。根状茎短，粗壮；秆丛生，三棱柱形，无毛，基生叶退化，仅具鞘。叶片革质，长于秆，线形。苞片叶状，具长苞鞘；圆锥花序复出，侧生圆锥花序长5~6 cm，上半部接近，下半部疏远，有花序梗；小穗线状披针形，长3~6 cm，雄雌顺序；雄花鳞片长卵形；雌花鳞片卵形，顶端钝，具芒尖。果囊倒卵形或近球形，鼓胀，后呈浆果状，鲜红色或紫红色，顶端聚缩狭成短喙；小坚果椭圆形，三棱柱状。花果期7~10月。

生于山坡林下及路旁；常见。 根或全草入药，具有凉血、止血、祛风湿、调经的功效。

褐果薹草 栗褐苔草

Carex brunnea Thunb.

　　根状茎短；秆密丛生，高20~70 cm，锐三棱柱形，无毛，基部具残存的呈纤维状裂的叶鞘。叶长于或短于秆；叶片狭线形，两面及边缘均粗糙，具叶鞘。下部的苞片为叶状，上部的为刚毛状；小穗几个至十几个，全部为雄雌顺序；花柱基部稍膨大，柱头2枚。果囊近直立，长于鳞片，椭圆形或近圆形，扁平凸状，背面具9条细脉，两面均被白色短硬毛，顶端急狭成短喙；小坚果近圆形，扁双凸状，基部无柄。花果期6~10月。

　　生于山坡林下及路旁；常见。　全草入药，具有收敛、止痒的功效。

莎草科 Cyperaceae

十字薹草

Carex cruciata Wahlenb.

　　多年生草本。匍匐根状茎粗壮；秆丛生，钝三棱柱形。基生叶仅具叶鞘；秆生叶长于秆。圆锥花序复出，侧生枝花序多数；苞片叶状，长于花序；小穗多数，雄雌顺序，椭圆形；雌花鳞片宽卵形。果囊长圆状卵形，稍鼓胀，顶端急狭成中等长的喙；喙边缘被短硬毛，喙口斜截形齿裂；柱头3枚；小坚果卵状椭圆形，三棱柱状。花果期7~11月。

　　生于山坡密林下、沟边灌草丛或路旁；常见。　种子含油及淀粉，可食用；全草入药，具有清热凉血、止血、解表透疹、理气健脾的功效。

隐穗薹草 茅叶苔草、多序缩柱草
Carex cryptostachys Brongn.

多年生草本。秆侧生，高15~30 cm，扁三棱柱形，花葶状。基生叶仅具叶鞘。苞片刚毛状，具苞鞘；总状花序由1个顶生小穗、5~9个侧生小穗组成，有时再组成狭圆锥花序；小穗8~10个，雄雌顺序，花疏生；雄花鳞片卵状长圆形；雌花鳞片宽卵形或宽圆卵形；宿存花柱基部增大，扭曲，柱头3枚。果囊倒卵状纺锤形，略鼓胀，上面密被短柔毛，顶端渐狭成短喙，基部楔形，具柄；小坚果长圆形，有3棱，3个棱面中部凸出呈腰状，上下凹陷。花果期6~10月。

生于山坡、沟谷疏林或密林下；常见。

莎草科 Cyperaceae

蕨状薹草 长鳞苔草

Carex filicina Nees

　　多年生草本。秆密丛生，粗壮，高达1 m，无毛。叶片背面粗糙，腹面光滑或两面均光滑，边缘密生短刺毛；苞片叶状，具长鞘，下部长于花序，向上渐小，上部的呈刚毛状。圆锥花序复出，长20~50 cm，支圆锥花序呈尖塔状；雌花鳞片卵形或披针形，褐红色；顶端花柱基宿存，柱头3枚。果囊卵状披针形，不鼓胀，三棱柱状，褐红色，顶端骤尖成长喙，喙与囊体等长，稍弯；小坚果长圆形或椭圆形，三棱柱状。花果期7~10月。

　　生于山坡林下或林缘灌草丛；常见。　根、叶入药，具有理气、固脱的功效，可用于子宫脱垂、消化不良等。

穹隆薹草 穹隆苔、基膨苔

Carex gibba Wahlenb.

多年生草本。秆丛生，柔软，高25~50 cm，钝三棱柱形。叶长于或近等长于秆，扁平；基部老叶鞘褐色，呈纤维状细裂。苞片叶状，长于花序；小穗4~10个，排成间断的穗状花序，卵形或长圆形，雌雄顺序，上部的稍接近，下部的稍疏远；雌花鳞片圆卵形，向先端延伸成芒；花柱基部稍膨大呈圆锥状，柱头3枚。果囊椭圆状宽倒卵形，平凸状，无脉，边缘具翅；小坚果卵圆形，双凸状。花期4~5月，果期6~7月。

生于山坡、路旁；常见。 全草入药，具有清肺平喘的功效，可用于支气管炎、支气管哮喘、风湿关节痛等。

莎草科 Cyperaceae

长梗薹草

Carex glossostigma Hand.-Mazz.

多年生草本。秆侧生，高30~50 cm，纤细，基部具褐色的叶鞘。花茎与营养茎有间距；营养茎的叶片线状披针形，两面无毛，或仅在背面的脉上被柔毛；花茎高30~40 cm，上部具小穗。苞鞘上部膨大似佛焰苞状，苞叶很短；小穗雄雌顺序，具疏生的花，穗梗纤细而长，长2~15 cm。果囊稍长于鳞片，卵状椭圆形，微三棱柱状，具多条隆起的脉，顶端渐狭成下弯的短喙，喙口近平截；小坚果椭圆形，三棱柱状；柱头3枚。花果期5~7月。

生于山坡、沟谷疏林下或林缘；常见。

贺州薹草

Carex hezhouensis Hong Wang et S. N. Wang

根状茎短；秆丛生，高20~55 cm，平滑，基部具暗褐色的宿存叶鞘。叶片宽2.5~4 mm，边缘粗糙。苞片短叶状，上部的为刚毛状，具苞鞘；小穗4~5个，顶生小穗为雄性，侧生小穗为雌性；雌花鳞片卵状长圆形，长2.5~3 mm；花柱被短柔毛，柱头3枚。果囊长圆状椭圆形，无毛，具多条脉；小坚果椭圆形，三棱柱状。花果期4~5月。

生于沟谷、山坡疏林下或林缘路旁；常见。　广西特有种。

广西薹草

Carex kwangsiensis F. T. Wang et T. Tang ex P. C. Li

　　根状茎木质，具地下匍匐枝；秆侧生，三棱柱形，基部被褐色的叶鞘。叶基生和秆生；基生叶长于秆，基部被褐色的宿存叶鞘所包；叶片禾叶状，背面密被白色的短粗毛，腹面光滑；秆生叶呈佛焰苞状。圆锥花序复出；支花序近伞房状，单生或顶端的双生，具3~10个小穗；花序轴锐三棱柱形，密被短粗毛；小穗斜展至横展，雄雌顺序。果囊卵状菱形，肿胀三棱柱形，疏被短粗毛；小坚果卵状菱形，三棱柱形，成熟时褐色。花果期4~6月。

　　生于山坡林下或山谷阴处灌草丛中；常见。　广西特有种。

柔果薹草
Carex mollicula Boott

　　根状茎具地下匍匐茎；秆高15~30 cm，锐三棱柱形。叶长于秆。苞片下部的叶状，上部的近线状，长于小穗；小穗3~5个，常聚集在秆上端，间距短，顶生小穗为雄小穗，线形或稍粗；侧生小穗为雌小穗，长圆状圆柱形；雄花鳞片狭长圆形，先端具短尖；雌花鳞片长圆状卵形或近卵形，先端渐尖，或有的具短尖。果囊斜展，后期近水平张开，长圆状卵形或披针状卵形，鼓胀三棱柱形；小坚果较松地包裹在果囊内，椭圆柱形，三棱柱形。花果期5~6月。

　　生于山坡林下、河边、林缘灌丛中潮湿处；常见。

莎草科 Cyperaceae

霹雳薹草 霹雳草、黄穗苔

Carex perakensis C. B. Clarke

多年生草本。秆中生，稍粗壮，三棱柱形，高达100 cm，直径2~3 mm，基部具叶鞘而无叶片或具短叶片。叶基生或秆生；秆生叶具长叶鞘。苞片叶状，具长苞鞘；复圆锥花序由1个顶生圆锥花序和数个侧生圆锥花序组成，长达35 cm。果囊菱状椭圆形或倒卵状椭圆形，三棱柱状，被白色短粗毛，顶端收狭成一短喙；小坚果椭圆状披针形或椭圆状倒卵形，三棱柱状，棱面下凹；花柱直立，基部稍膨大，疏被小刺毛，柱头3枚。花果期8~10月。

生于山坡、山顶、沟谷疏林中及路旁；常见。 全草入药，可用于痛经、经闭。

霹雳薹草 霹雳草、黄穗苔

镜子薹草　有喙红苞苔草、七星斑囊果苔
Carex phacota Spreng.

　　多年生草本。秆高30~80 cm，锐三棱柱形，基部具棕色的叶鞘。叶与秆近等长；叶片宽3~5 mm。苞片下部的为叶状，长于花序，无苞鞘，上部的为刚毛状，较短；总状花序由1个顶生雄小穗和4~6个侧生雌小穗组成，长约10 cm；雌花鳞片长圆形，两侧有锈色点线，先端截形或凹，具长尖头，具3条脉；花柱细长，柱头2枚。果囊宽卵形或椭圆形，双凸状，密生暗棕色球形小腺体；小坚果近圆形，具细密小突起。花果期5~9月。

　　生于沟边草丛或路旁潮湿处；常见。　全草入药，具有解表透疹、催生的功效，可用于小儿麻疹不透、妇女难产等。

密苞叶薹草

Carex phyllocephala T. Koyama

　　根状茎短，木质；秆高20~60 cm，钝三棱柱形，下部具无叶片的叶鞘。叶长于秆；叶鞘紧包着秆，上下彼此套叠，叶舌明显。苞片叶状，聚生于秆的顶端，长于花序，具很短的苞鞘；小穗6~10个，密生于秆的顶端，顶生小穗为雄性，线状圆柱形，其余的为雌性，有时顶端具少数雌花，狭圆柱形，多花；雌花鳞片宽卵形。果囊宽倒卵形，三棱柱状，顶端具较短的喙；小坚果倒卵形，三棱柱状。花果期6~9月。

　　生于路旁、山坡密林及疏林下；常见。

花葶薹草 大叶苔草、花茎苔草
Carex scaposa C. B. Clarke

多年生草本。秆中生或侧生，粗壮，高达20~80 cm，钝三棱柱形，疏被短粗毛，基部具无叶的鞘。基生叶数片丛生；叶片狭椭圆形，边缘无毛，仅中脉和两侧被短粗毛，叶柄长达30 cm；秆生叶退化，佛焰苞状，边缘无毛。苞片与秆生叶同形，疏被短粗毛；复圆锥花序由1个顶生圆锥花序和数个侧生圆锥花序组成。果囊卵状椭圆形，三棱柱状；小坚果卵形，三棱柱状；柱头3枚。花果期8~10月。

生于路旁及山坡、沟谷疏林中；常见。 全草入药，具有凉血、止血、解表透疹的功效；根入药，具有清热解毒、活血化瘀的功效。

莎草科 Cyperaceae

中华薹草

Carex chinensis Retz.

秆丛生，纤细，钝三棱形。叶长于秆，边缘粗糙。苞片短叶状，具长鞘。小穗4~5个，远离，顶生1个雄性；侧生小穗雌性；雄花鳞片顶端具短芒；雌花鳞片顶端截形，有时微凹或渐尖，延伸成粗糙的长芒。果囊长于鳞片，菱形或倒卵形，近膨胀三棱形，疏被短柔毛，具多脉，先端急缩成中等长的喙，喙口具2齿。小坚果先端骤缩成短喙，喙顶端膨大呈环状；花柱基部膨大，柱头3个。花果期4~6月。

生于山坡疏林或林缘路旁；常见。 全草入药，有理气、止痛的功效。

藏薹草

Carex thibetica Franch.

根状茎丛生，粗壮，坚硬；秆侧生，高35~40 cm，钝三棱柱形，光滑。叶片革质，长于秆；基部叶鞘无叶片，褐色。苞片短叶状，短于小穗，具长苞鞘；雄花部分与雌花部分近等长，花密生；雌花鳞片卵状披针形，具芒尖。果囊倒卵形，无毛或疏被短硬毛，具多脉，顶端具下弯的喙；小坚果三棱柱状倒卵形，中部棱上缢缩，喙长而弯；柱头3枚。花果期4~5月。

生于山坡林下、山谷湿地或阴湿石隙中；少见。

藏薹草

莎草属 *Cyperus* L.

本属约有600种，广泛分布于各大洲，以热带和亚热带地区尤盛。我国有62种；广西有23种；姑婆山有8种。

分种检索表

1. 柱头2枚，小坚果双凸状、平凸状或凹凸状……………………………………砖子苗 *C. cyperoides*
1. 柱头3枚，小坚果三棱柱状。
 2. 小穗排列在辐射枝所延长的花序轴上，成穗状花序。
  3. 鳞片基部边缘延长成小穗的翅；花柱通常长或中等长，少数为短…………香附子 *C. rotundus*
  3. 小穗上无翅，或仅有很狭的、白色半透明的边，花柱很短。
   4. 穗状花序轴延长；小穗稀疏排列；小坚果几乎与鳞片等长……………碎米莎草 *C. iria*
   4. 穗状花序轴短缩；小穗紧密排列；小坚果长为鳞片的1/2……………扁穗莎草 *C. compressus*
 2. 小穗指状排列或成簇生于极短缩的花序轴上。
  5. 多年生草本，根状茎短缩，木质；鳞片、小坚果均较大……………风车草 *C. involucratus*
  5. 一年生草本，无匍匐根状茎。
   6. 叶片平展；鳞片膜质，先端钝，小坚果倒卵形。
    7. 叶状苞片通常长于花序；花药顶端无刚毛状附属物……………窄穗莎草 *C. tenuispica*
    7. 叶状苞片通常短于花序；花药顶端具白色刚毛状附属物……………畦畔莎草 *C. haspan*
   6. 叶片很狭，两边内卷，中间具沟；鳞片较厚，先端近截形，具向外弯的短芒；小坚果长圆状倒卵形或长圆形……………………………………………………长尖莎草 *C. cuspidatus*

风车草

Cyperus involucratus Rottb.

多年生草本。秆粗壮，高可达1.5 m，近圆柱形或扁三棱柱形。叶鞘闭合，鞘口斜，先端渐尖或急尖。苞片叶状，螺旋状排列；长侧枝聚伞花序复出，具多条长短不等的第一次辐射枝，每条第一次辐射枝具4~10条第二次辐射枝；小穗3~7个呈指状密集于第二次辐射枝的顶端；小穗轴狭，无翅；鳞片紧密，覆瓦状排列；花药线形，顶端具刚毛状附属物；花柱短，柱头3枚。小坚果椭圆形，具密细点。花果期7~12月。

生于山坡、路旁、沟边；常见。　可栽培作观赏植物；茎叶入药，具有行气活血、退黄解毒的功效，可用于淤血作痛、蛇虫咬伤、产后下血腹痛等。

莎草科 Cyperaceae

扁穗莎草 沙田草

Cyperus compressus L.

　　一年生草本。秆丛生，稍纤细，高5~20 cm，锐三棱柱形，基部具较多叶。苞片叶状，3~5枚，长于花序；长侧枝聚伞花序简单，具2~7条辐射枝；穗状花序呈头状，花序轴很短，具4~10个小穗；小穗线状披针形，近四棱形，具花8~20朵；鳞片紧密，覆瓦状排列，卵形，稍厚，先端具芒，有9~13条脉；花柱长，柱头3枚。小坚果倒卵形，三棱柱状，各面微内凹，褐色，表面具密细点。花期7~9月，果期9~11月。

　　生于林缘路旁、空旷的荒草地；常见。　全草入药，具有养气解郁、调经行气、活血散瘀的功效，外用于跌打损伤；全株嫩时亦可作牧草。

长尖莎草 尖颖莎草、碎米香附
Cyperus cuspidatus Kunth

一年生草本。秆丛生，高1.5~20 cm，三棱柱形，平滑。叶基生；叶片边缘内卷。苞片叶状，2~3枚，线形，长于花序；长侧枝聚伞花序简单，具2~5条辐射枝；小穗5~20个呈放射状，条形，具花8~26朵；鳞片疏松，长圆形，先端钝，有一外弯的短芒，背面具龙骨状突起，中间绿色，两侧紫红色，有3条脉；花柱细长，柱头3枚。小坚果长圆状倒卵形或长圆形，长0.5~0.7 mm，深褐色，有突起的细点。花果期6~10月。

生于路旁或河边沙地；常见。　全草入药，具有清热、止咳、养心、调经、行气的功效，可用于咳嗽、咳痰、发热，外用于跌打损伤。

碎米莎草

Cyperus iria L.

一年生草本。秆丛生，扁三棱柱形，基部生少数叶。苞片叶状；长侧枝聚伞花序复出，具4~9条辐射枝；穗状花序卵形或长卵形，具5~22个小穗；小穗斜展，长圆形、披针形或线状披针形，扁平，具花6~22朵；小穗轴上无翅；鳞片较疏松排列，倒卵形，背面具龙骨状突起，有3~5条脉；花药椭圆形，花柱短，柱头3枚。小坚果椭圆形或倒卵形，三棱柱状，与鳞片等长，具密而微突起的细点。花期6~8月，果期8~10月。

生于山坡、山谷、林缘路旁荫处；常见。　全草、块根入药，具有祛风除湿、调经利尿、清热止痛、行气破血、消积、通经络的功效。

香附子 莎草、香头草

Cyperus rotundus L.

匍匐根状茎长，具椭圆形块茎；秆平滑，锐三棱柱形，基部呈块茎状。基生叶平展；叶鞘棕色，常裂呈纤维状。苞片叶状，2~3（5）枚；长侧枝聚伞花序简单或复出，具（2）3~10条辐射枝；辐射枝最长的达12 cm；花柱长，柱头3枚，细长，伸出鳞片外。小坚果长圆状倒卵形，三棱柱形，具细点。花果期5~11月。

生于山坡荒草地或水边潮湿处；常见。　块茎入药，具有行气解郁、调经止痛的功效；块茎亦可提取芳香油，其残渣含淀粉，可酿酒，酒糟可作饲料；嫩叶为家畜喜食；茎为纤维工业原料，可代替麻。

莎草科 Cyperaceae

窄穗莎草

Cyperus tenuispica Steud.

一年生草本。秆丛生，扁三棱柱形，基部具少数叶。叶短于秆；叶片平展；叶鞘稍长。苞片叶状，2~3枚；常具纤细的4~8条辐射枝；小穗3~12个呈指状排列，有花10~40朵；鳞片疏松排列，椭圆形，先端钝或近截形，无短尖，背面中间黄绿色，两侧深褐色，脉不明显；雄蕊1~2枚，花药线形，顶端无刚毛状附属物；花柱长，柱头3枚。小坚果倒卵形，表面密布突起的细点，有光泽。花果期9~11月。

生于空旷荒草地或疏林下；常见。 全草提取物有抑制人体黑色素细胞产生黑色素的活性，可用于美白皮肤。

荸荠属 *Eleocharis* R. Br.

本属约有250种，全世界广泛分布。我国有35种；广西有11种；姑婆山有1种。

龙师草

Eleocharis tetraquetra Nees

秆丛生，锐四棱柱状，秆基部具2~3叶鞘；叶鞘长7~10 cm，下部紫红色。小穗稍斜生秆顶端，长卵状卵形或长圆形，具多朵花，基部3鳞片无花，上部2片对生，下部1片抱小穗基部一周，其余鳞片均有1朵两性花，鳞片紧密覆瓦状排列；下位刚毛6条，稍长或等长于小坚果，疏生倒刺；柱头3枚；花柱疏生乳头状突起。小坚果微扁三棱柱状，近平滑，具粗短小柄。花果期9~11月。

生于山坡疏林下或林缘路旁；少见。　全草入药，可用于目赤、夜盲症、小儿疳积、头痛、疮疗等。

飘拂草属 *Fimbristylis* Vahl

本属约有200种，广泛分布于各大洲，以热带和亚热带地区尤盛。我国有53种；广西有28种；姑婆山有4种。

分种检索表

1. 柱头3枚，少有2枚，花柱三棱形，上部无毛⋯⋯⋯⋯⋯⋯⋯⋯⋯⋯五棱秆飘拂草 *F. quinquangularis*
1. 柱头2枚，花柱扁，上部具缘毛。
　2. 小穗无棱角⋯⋯⋯⋯⋯⋯⋯⋯⋯⋯⋯⋯⋯⋯⋯⋯⋯⋯⋯⋯⋯⋯⋯两歧飘拂草 *F. dichotoma*
　2. 小穗由于鳞片具龙骨状突起或脊而具棱角。
　　3. 叶宽0.7~1.5 mm，平展；小坚果宽倒卵形，表面具明显横长圆形网纹⋯⋯⋯⋯⋯⋯
　　⋯⋯⋯⋯⋯⋯⋯⋯⋯⋯⋯⋯⋯⋯⋯⋯⋯⋯⋯⋯⋯⋯复序飘拂草 *F. bisumbellata*
　　3. 叶宽约1 mm，边缘略内卷；小坚果倒卵形，表面近平滑⋯⋯⋯⋯⋯夏飘拂草 *F. aestivalis*

夏飘拂草　小畦畔飘拂草

Fimbristylis aestivalis (Retz.) Vahl

一年生草本。秆密丛生，扁三棱柱形，无毛。基生叶，少数；叶短于秆，毛发状，边缘略内卷，两面被柔毛；叶鞘短，被长柔毛。苞片丝状，疏被硬毛；长侧枝聚伞花序复出，具辐射枝3~7条；鳞片膜质，卵形或长圆形，先端圆形，具短尖，红棕色，背面具龙骨状突起或具脊，具脉3条；花柱长扁，上部具缘毛，基部膨大，柱头2枚。小坚果倒卵形，双凸状，几乎无柄，表面近平滑。花期7~8月，果期9~10月。

生于山坡、沟谷荒草地或林缘路旁；常见。　全草入药，具有清热解毒、利尿消肿的功效，可用于风湿关节痛、跌打损伤。

复序飘拂草
Fimbristylis bisumbellata (Forssk.) Bubani

一年生草本。秆密丛生，扁三棱柱形，无毛。基生叶少数；叶短于秆；叶片平展，上部边缘具小刺，有时背面疏被硬毛；叶鞘短，被白色长柔毛。苞片叶状，2~5枚；长侧枝聚伞花序复出或多次复出，具辐射枝4~10条；小穗单生于一次或二次辐射枝顶端，具花多数；鳞片宽卵形，背面具龙骨状突起或具脊，具3条脉；花柱长扁，上部具缘毛，基部膨大，柱头2枚。小坚果宽倒卵形，双凸状，具柄极短，表面具横的长圆形网纹。花期7~9月，果期9~10月。

生于山坡、沟谷荒草地或林缘路旁；常见。全草入药，具有清热解毒、祛痰定喘、止血消肿、利尿的功效，可用于小便不利、瘰疬。

两歧飘拂草

Fimbristylis dichotoma (L.) Vahl

一年生草本。秆丛生，无毛或疏被柔毛。叶片先端急尖或钝，疏被柔毛或无毛；叶鞘上端斜截，腹侧膜质。苞片叶状，3~4枚；长侧枝聚伞花序，具辐射枝3~4条；小穗单生于辐射枝顶端，具花多朵；鳞片卵形、长圆状卵形，先端具短尖，具脉3~5条；雄蕊1~2枚；花柱扁平，长于雄蕊，上部具缘毛，柱头2枚。小坚果宽倒卵形，双凸状，具柄，表面具显著隆起的纵肋7~9条和横的长圆形网纹，无疣状突起。花果期7~10月。

生于山坡、沟谷及路旁；常见。 全草入药，具有清热利尿、解毒的功效。

五棱秆飘拂草　五棱飘拂草

Fimbristylis quinquangularis (Vahl) Kunth

一年生草本。秆丛生，五棱柱形。叶片线形，先端急尖或钝，边缘具细齿；叶鞘管状，先端斜截，鞘口腹侧边缘膜质。苞片刚毛状，先端渐尖，边缘具细齿；长侧枝聚伞花序，具辐射枝4~13条；小穗单生于辐射枝顶端，顶端急尖或近于钝；鳞片宽卵形，先端钝，具短尖，背面具龙骨状突起，具3条脉；花柱三棱柱状，基部稍膨大，上部被微柔毛，柱头3枚，稍长于花柱。小坚果倒卵形，三棱柱状，表面具横的线状网纹和疣状突起。花果期8~10月。

生于路旁或沟边荒草地；常见。

莎草科 Cyperaceae

黑莎草属 *Gahnia* J. R. Forst. & G. Forst.

本属约有30种，分布于亚洲、大洋洲等热带地区。我国有3种；广西有2种；姑婆山仅有1种。

黑莎草 猴公须
Gahnia tristis Nees

多年生草本。秆丛生，圆柱状，坚实，中空，有节。叶具鞘，鞘红棕色；从下而上叶渐狭，边缘及背面具刺状细齿。圆锥花序较狭而紧缩呈穗状，分枝直立而紧贴于花序轴；小穗长8~10 mm。小坚果倒卵状长圆形，长约4 mm，成熟后为黑色。花果期3~12月。

生于山坡、山顶、沟谷密林中及路旁；常见。　在产地常用植株做小茅屋顶的盖草和墙壁材料；种子（小坚果）可榨油供食用或制皂；秆、叶可作为造纸和制纤维板的原料；全草入药，可用于子宫脱垂。

水蜈蚣属 *Kyllinga* Rottb.

本属约有75种，分布于东、西两个半球的热带和亚热带地区。我国有7种；广西有3种；姑婆山有2种。

分种检索表

1. 鳞叶背面的龙骨突起无翅⋯⋯⋯⋯⋯⋯⋯⋯⋯⋯⋯⋯⋯⋯⋯⋯⋯⋯⋯⋯⋯**短叶水蜈蚣** *K. brevifolia*
1. 鳞片背面的龙骨突起具翅⋯⋯⋯⋯⋯⋯⋯⋯⋯⋯⋯⋯⋯⋯⋯⋯⋯⋯⋯⋯⋯**单穗水蜈蚣** *K. nemoralis*

短叶水蜈蚣　金钮子、水蜈蚣、扣子草
Kyllinga brevifolia Rottb.

多年生草本。秆散生，纤细，扁三棱柱形，平滑，下部具叶；根状茎纤细，延长成匍匐枝，被膜质褐色鳞片叶，具多数节，每节上抽出1条秆；秆基部不膨大，外面被淡紫红色的叶鞘。穗状花序通常1个单生。小坚果倒卵状长圆形，扁双凸状，长约1 mm。花期5~7月，果期7~9月。

生于山坡荒地、路旁草丛中；常见。　全草入药，具有疏风解表、消热利湿、止咳化痰、消肿的功效；可作牧草。

莎草科 Cyperaceae

单穗水蜈蚣 一箭球、猴子草

Kyllinga nemoralis (J. R. Forst. et G. Forst.) Dandy ex Hatch. et Dalziel

多年生草本。具匍匐根状茎；秆散生或疏丛生。叶线形，斜展，边缘具疏齿；叶鞘短，最下面的叶鞘无叶片。穗状花序1个，少有2~3个，圆卵形或球形，具极多小穗；小穗近倒卵形或披针状长圆形，压扁，具1朵花。小坚果长圆形或倒卵状长圆形，棕色，具密细点，顶端具极短尖。花果期5~8月。

生于山坡林下、荒地、路旁草丛中；常见。 全草入药，具有疏风清热、止咳化痰、截疟、散瘀、活血消肿的功效。

刺子莞属 *Rhynchospora* Vahl

本属约有 350 种，分布于温带及热带地区，主要分布于美洲热带地区。我国有 9 种；广西有 4 种；姑婆山仅有 1 种。

刺子莞 一包针、捻串草、眼圈草

Rhynchospora rubra (Lour.) Makino

多年生草本。秆丛生，直立，钝三棱柱形，无毛，具细纵纹。仅具基生叶而无秆生叶；叶片线形，向先端渐狭呈锐三棱柱形，边缘粗糙。苞片叶状，4~10枚，下部扩大被缘毛，上部背卷无毛；头状花序单个顶生呈球形；小穗多数，披针形；花柱细长，基部膨大，柱头1枚或2枚。小坚果倒卵形，双凸状，顶端被短柔毛，上部边缘具细缘毛，表面具密细点，顶端具宿存的三角形短花柱基。花期5~7月，果期8~10月。

生于山坡、水旁、路旁；常见。 全草入药，具有清热利湿、祛风的功效，可用于淋浊；嫩时可作牧草；亦可作为酸性土指示植物。

莎草科 Cyperaceae

藨草属 *Scirpus* L.

本属约有35种，主要分布于北半球温带地区。我国约有12种；广西有4种；姑婆山有1种。

百穗藨草

Scirpus ternatanus Reinw. ex Miq.

秆粗壮，三棱柱形，具节。叶长于秆，革质，边缘稍粗糙。苞片叶状，5~6枚；长侧枝聚伞花序复出或多次复出，具多数辐射枝；小穗无柄，卵形、椭圆形或长圆形，具多数花；鳞片排列紧密，宽卵形，先端钝或近圆形，背面具1条脉；下位刚毛2~3枚，较小坚果稍长，中部以上疏生顺刺；柱头2枚。小坚果椭圆形、倒卵形或近圆形，双凸状。花果期7~8月。

生于山坡、路旁；常见。

珍珠茅属 *Scleria* P. J. Bergius

本属约有200种，分布于温带或热带地区。我国约有24种；广西有9种；姑婆山有4种。

分种检索表

1. 秆圆柱状或略呈钝三棱柱形，叶鞘无翅…………………………………………**圆秆珍珠茅** *S. harlandii*
1. 秆三棱柱形，秆中部叶鞘具翅。
  2. 鳞片黑紫色，秆中部叶鞘的翅不明显；圆锥花序不具或很少具1个相距稍远的侧生圆锥花序…
  …………………………………………………………………………………………**黑鳞珍珠茅** *S. hookeriana*
  2. 鳞片褐色、红褐色，秆中部叶鞘具较明显的翅；圆锥花序具1~3个相距稍远的侧生圆锥花序。
    3. 小坚果的下位盘具3浅裂或几乎不裂，裂片扁半圆形，顶端钝圆………**高秆珍珠茅** *S. terrestris*
    3. 小坚果的下位盘具3深裂，裂片披针状三角形或卵状三角形，顶端急尖或近截形…………………
  …………………………………………………………………………………………**毛果珍珠茅** *S. levis*

黑鳞珍珠茅

Scleria hookeriana Boeckeler

  多年生草本。根状茎木质，被紫红色的鳞片；秆稀疏丛生，直立，粗壮，高60~100 cm，三棱柱形，有时被稀疏短柔毛，稍粗糙。秆生叶片线形，长4~35 cm，宽4~8 mm；鳞片黑紫色；秆中部的叶鞘具不明显的翅。圆锥花序不具或很少具1个相距稍远的侧生圆锥花序。花果期5~7月。

  生于山顶、山坡草丛中；常见。　根入药，具有祛风除湿、疏通经络的功效。

莎草科 Cyperaceae

毛果珍珠茅

Scleria levis Retz.

多年生草本。匍匐根状茎木质，被紫色的鳞片；秆疏丛生或散生，三棱柱形，高70~90 cm，直径3~5 mm，被微柔毛。叶片线形，无毛或被短柔毛。花序由顶生圆锥花序和1~2个相距稍远的侧生圆锥花序组成；小苞片刚毛状；小穗长3 mm，单性；雄小穗狭卵形或长圆状卵形，鳞片厚膜质；雌小穗通常生于分枝的基部，鳞片长圆状卵形、宽卵形或卵状披针形。小坚果球形或卵形，直径约2 mm；下位盘3深裂。花果期6~10月。

生于山坡林下、草地和灌丛中；常见。 根入药，具有消肿解毒的功效，可用于痢疾、咳嗽、消化不良、毒蛇咬伤等；全草入药，具有清热、祛风湿、通经络的功效。

针蔺属 *Trichophorum* Pers.

本属约有10种，分布于北极圈和亚北极地区，温带和热带地区的高山地带。我国有6种；广西仅有1种；姑婆山亦有。

玉山针蔺 类头状花序藨草、龙须草
Trichophorum subcapitatum (Thwaites et Hook.) D. A. Simpson

根状茎短，须根密。秆直立，密集丛生，近圆柱形，光滑。叶退化，无秆生叶，基部具叶鞘5~6枚，先端具钻状叶片，边缘粗糙。苞片鳞片状，卵形或长圆形，先端具较长的芒尖；蝎尾状聚伞花序小，具2~4（6）个小穗；小穗卵形至卵状长圆形；鳞片排列疏松，卵形或长圆状卵形，先端急尖至钝，有时具短尖；下位刚毛丝状，长为小坚果的1倍，上部具顺向短刺。小坚果长圆形至椭圆状卵形，三棱柱状。花果期3~6月。

生于山坡林缘湿地、沟谷溪边；常见。

332. 禾本科 Gramineae

本科有600多属近10 000种，广泛分布于世界各地。我国约有225属1 200种；广西约有130属356种；姑婆山有41属48种5变种。

分亚科检索表

1. 植物体木质化，乔木或灌木状······················竹亚科 Bambusoideae
1. 植物体多为草本，稀灌木或乔木状···················禾亚科 Agrostidoideae

332a. 竹亚科 Bambusoideae

本亚科约有70属1 200种，广泛分布于亚洲东南部、非洲和南美洲，澳大利亚和北美洲有少量分布。我国约有30属400种；广西有23属141种21变种1杂交种；姑婆山有6属6种，其中1属1种为栽培种。

分属检索表

1. 秆中下部分枝1条。
 2. 秆高5~10 m，主枝直径明显比秆小···············矢竹属 Pseudosasa
 2. 秆3 m以下，主枝与秆近等粗····················箬竹属 Indocalamus
1. 秆中下部分枝2条以上。
 3. 秆基部各节具刺状或瘤状气根··················寒竹属 Chimonobambusa
 3. 秆基部各节不具气根。
 4. 花序续次发生；秆环强烈肿胀；雄蕊6枚··········大节竹属 Indosasa
 4. 花序一次发生；箨环木栓质隆起；雄蕊3枚·········苦竹属 Pleioblastus

寒竹属 *Chimonobambusa* Makino

本属约有 37 种，分布于东亚。我国有 34 种；广西有 6 种；姑婆山有 1 种。

方竹 四方竹

Chimonobambusa quadrangularis (Franceschi) Makino

秆高4~8 m，直径2~4 cm；下部节间略呈四方形，上部节间圆筒形，初时被刺毛，脱落后有疣基，粗糙；秆壁较薄；秆环近平，箨痕被一圈金色茸毛，中下部各节具刺状气生根。秆箨纸质，早落，短于节间；箨鞘背面无毛或上部被稀疏糙伏毛，边缘具纤毛，小横脉紫色；箨舌不明显；箨片小，锥形，与鞘顶连接处不具关节。末级小枝具叶2~5片。叶鞘光滑，边缘具纤毛。

生于山坡、路旁；少见。 著名的观赏竹种；竹竿可作手杖等工艺品；笋味鲜美，可食用。

竹亚科 Bambusoideae

箬竹属 *Indocalamus* Nakai

本属约有23种，分布于中国和日本。我国有22种；广西产8种2变种；姑婆山有1种。

箬叶竹 长耳箬
Indocalamus longiauritus Hand.-Mazz.

秆高0.5~3 m，直径3~10 mm；节间长18~33 cm，节下方尤密；秆环稍突起，箨痕有鞘基残留物。秆箨宿存，短于节间，背面基部密被刺毛；箨耳大，镰形，外翻，鞘口繸毛明显；箨舌低，截平至钝圆，边缘具纤毛；箨片直立，披针形。叶耳常缺，有时具少许刚毛；叶片革质，长圆状披针形，无毛，网脉明显。圆锥花序纤细；花序轴、小穗柄均具糙毛；颖2枚，先端渐尖或尾尖，边缘上部有小纤毛。

生于山坡和路旁；常见。 秆宜作笔杆或筷子；叶可作粽叶或制成斗笠、船篷等用品。

大节竹属 *Indosasa* McClure

本属约有15种，分布于中国南部和越南北部。我国有13种；广西有9种；姑婆山有1种。

摆竹
Indosasa shibataeoides McClure

竿高达15 m，直径达10 cm，但常见者生长较矮小，新竿无毛，节下方具白粉；中部节间长达40~50 cm。笋多为淡橘红色或淡紫红色。箨鞘脱落性，背面淡橘红色、淡紫色或黄色，具黑褐色条纹，疏被刺毛和白粉，箨耳通常较小；小竿的箨鞘背面常光滑无毛，无箨耳和繸毛。末级小枝通常仅具1枚叶；叶片两面无毛。假小穗单生或2枚着生于具花小枝之各节。笋期4月，花期6~7月。

生于山坡常绿阔叶林中；少见。　竹材宜整竿使用；笋可供食用。

竹亚科 Bambusoideae

苦竹属 *Pleioblastus* Nakai

本属有40余种，产于中国、日本和越南。我国有17种；广西有3种；姑婆山有1种。

苦竹

Pleioblastus amarus (Keng) Keng f.

秆直立；节间圆筒形，节下方粉环明显；竿环隆起；箨环留有箨鞘基部木栓质的残留物。箨鞘革质；箨舌截形，边缘具短纤毛；箨片狭长披针形，边缘具齿。叶鞘无毛，具细纵肋；叶片椭圆状披针形，先端短渐尖，基部楔形或宽楔形，叶缘两侧有细齿。总状花序或圆锥花序。笋期6月，花期4~5月。

生于山坡疏林；少见。　竹沥入药，具有清火消痰、明目利窍的功效；竹茹入药，可用于尿血；竹笋入药，具有清热除湿、利水明目的功效。

矢竹属 *Pseudosasa* Makino ex Nakai

本属有19种，产于中国、日本和韩国。我国有18种；广西有2种1变种；姑婆山有1种。

茶竿竹

Pseudosasa amabilis (McClure) Keng f.

竿直立，幼时疏被棕色小刺毛，具一层薄灰色蜡粉，竿壁较厚，坚硬；竿环平坦或微隆起；竿每节分1~3枝，其枝贴竿上举。箨鞘迟落性，革质；箨舌拱形，边缘不规则，具睫毛，背面具微毛；箨片狭长三角形，先端锐尖或呈锥形。叶片厚而坚韧，长披针形，长16~35 cm，宽16~35 mm。颖果具腹沟。笋期3月至5月下旬，花期5~11月。

生于河流沿岸山坡；少见。 竿直而挺拔，节间长，竿壁厚，竹材经砂洗加工后，洁白如象牙，可作钓鱼竿、滑雪竿、晒竿、编篱笆等。

332b. 禾亚科 Agrostidoideae

本亚科约有530属近8 800种，广泛分布全球。我国约有195属800种；广西约有107属215种；姑婆山有35属42种5变种。

分属检索表

1. 小穗含小花1朵至多朵，大都为两侧压扁状，通常脱节于颖之上，并在各小花间逐节断落；小穗轴大都延伸至最上小花的内稃之后而呈细柄状或刚毛状。
  2. 成熟花的外稃有7~9条脉（早熟禾属 Poa 的某些种可少至3脉）；叶舌无纤毛。
    3. 小穗含小花2朵至多朵，如为1小花时，则外稃有5条脉以上。
      4. 叶片宽，呈宽披针形或卵形，有明显的小横脉·················淡竹叶属 Lophatherum
      4. 叶片通常狭长，线形、细长披针形或针状，无小横脉·················早熟禾属 Poa
    3. 小穗通常仅有1朵小花；外稃（3–）5条脉或稀可更少·················看麦娘属 Alopecurus
  2. 成熟花的外稃有3条脉或1条脉（在芦竹属 Aurndo 可有5条脉）；叶舌通常有纤毛或为一圈毛所代替（棕叶芦属 Thysanolaena 叶舌硬而无纤毛）。
    5. 小穗含小花2朵至数朵，开花前常呈圆柱形或两侧稍压扁状，有柄，形成圆锥花序；植株高大或中小型。
      6. 小穗中型或大型，脱节于颖之上；外稃或基盘有长丝状毛；叶舌有纤毛或为一圈纤毛所代替。
        7. 外稃于背面中部以下密被长丝状柔毛；颖具3~5脉·················芦竹属 Arundo
        7. 外稃仅于靠近边缘的侧脉上被长丝状柔毛；颖具1~3脉·················类芦属 Neyraudia
      6. 小穗较小，整个脱落，含2朵小花；第二小花之外稃仅边缘具长柔毛；叶舌无纤毛··········
      ·················棕叶芦属 Thysanolaena
    5. 小穗含小花1朵至多朵，通常明显两侧压扁状，稀为背腹压扁状，少数呈圆筒形，如无柄或近无柄，则通常多少排列于穗轴的一侧，也可有柄；穗状花序、总状花序或圆锥花序；植物体中型或小型。
      8. 小穗含2朵至数朵两性小花，虽在某些种类仅有1朵两性小花，但尚伴有退化小花，小穗不呈卵圆形。
        9. 小穗无柄，排列于穗轴一侧，呈穗状花序，数个穗状花序在秆顶呈指状排列·················
        ·················穇属 Eleusine
        9. 小穗多少有柄，组成总状花序或圆锥花序·················画眉草属 Eragrostis
      8. 小穗含1朵两性小花，若含2朵两性小花，则小穗为卵圆形。
        10. 小穗第一颖片完全退化或稍留痕迹，小穗通常在花序轴上簇生·················结缕草属 Zoysia
        10. 小穗两颖片均发育正常，小穗不在花序轴上簇生。
          11. 小穗通常具芒·················狗牙根属 Cynodon
          11. 小穗无芒·················鼠尾粟属 Sporobolus
1. 小穗含小花2朵，下部花不孕而为雄性，以至仅剩1片外稃而使小穗仅有1朵小花，背腹压扁状或为圆筒形，稀为两侧压扁状，通常脱节于颖之下（野古草属 Arundinella 例外）；小穗轴不延伸，因此在成熟花内稃之后无柄或类似刚毛的存在。

12. 第二外稃多少为软骨质而无芒，质较厚于第一外稃的颖片。

  13. 小穗脱节于颖之上，若脱于颖之下，则仅含小花1朵，若有小花2朵，则第一小花为两性，罕为雄性。

    14. 小穗含小花1朵，自小穗柄关节处整个脱落······**稗荩属** *Sphaerocaryum*

    14. 小穗含小花2朵，脱节于颖之上······**柳叶箬属** *Isachne*

  13. 小穗脱节于颖之下，通常有小花2朵，第一小花为中性或雄性。

    15. 花序中无不育小枝，且穗轴也不延伸出顶生小穗之上。

      16. 小穗排列为开展或紧缩的圆锥花序。

        17. 圆锥花序通常紧缩呈穗状；第二颖基部膨大呈囊状······**囊颖草属** *Sacciolepis*

        17. 圆锥花序通常开展；第二颖基部不膨大呈囊状······**黍属** *Panicum*

      16. 小穗排列于穗轴的一侧而为穗状花序或穗形总状花序，这些花序可再作指状排列或排列在延伸的主轴上。

        18. 第二外稃在果成熟时为厚纸质或软骨质而有弹性，具膜质的扁平边缘以覆盖内稃，使后者露出较少······**马唐属** *Digitaria*

        18. 第二外稃在果成熟时为骨质或革质，多少有些坚硬，通常有狭而内卷的边缘，故其内稃露出较多。

          19. 颖或第一外稃顶端有芒······**求米草属** *Oplismenus*

          19. 颖和第一外稃均无芒······**雀稗属** *Paspalum*

    15. 花序中具有刚毛状不育枝，且穗轴延伸出顶生小穗之上而形成小尖头或刚毛。

      20. 刚毛彼此分离，不随小穗脱落，常宿存······**狗尾草属** *Setaria*

      20. 刚毛基部互相联合，与小穗同时脱落······**狼尾草属** *Pennisetum*

12. 第二外稃为透明膜质至坚纸质，有长或短的芒至芒尖，若无芒，则第二外稃常为透明膜质；小穗成对着生，一具长柄、一具短柄或一具柄、另一无柄。

  21. 小穗仅含小花1朵······**耳稃草属** *Garnotia*

  21. 小穗含小花2朵。

    22. 小穗轴脱节于2朵小花之间，第一颖多少短于第一小花；第二外稃不为透明膜质而比颖质地厚······**野古草属** *Arundinella*

    22. 小穗轴脱节于颖之下，颖片均长于稃片而比稃片质地厚；第二外稃透明膜质而比颖质地薄，或退化成芒的基部。

      23. 成对小穗均可成熟并同型，或每对中的有柄小穗可成熟（雌性或两性）并具长芒，无柄小穗至少在总状花序的基部者为不孕而无芒（莠竹属 *Microstegium* 中有时有柄小穗也可退化）。

        24. 穗轴延续而无关节；小穗均有柄而自柄上脱落。

          25. 小穗常有芒（芒属 *Miscanthus* 中稀可无芒）形成一开展的圆锥花序；高大或中型禾草。

            26. 花序分枝强壮而直立，全部着生小穗而不裸露，或仅基部裸露······**芒属** *Miscanthus*

            26. 花序分枝细弱，近于轮生，下部裸露而无小穗······**大油芒属** *Spodiopogon*

          25. 小穗无芒，形成一紧缩狭窄而呈穗状的圆锥花序；中型多年生禾草，有延长的根状茎······**白茅属** *Imperata*

24. 穗轴有关节；各节连同着生其上的无柄小穗一起脱落。

    27. 多数总状花序作圆锥状排列，有延长的主轴··············**甘蔗属** *Saccharum*

    27. 总状花序单生或多个总状花序呈指状排列。

        28. 总状花序单生·····················**金发草属** *Pogonatherum*

        28. 多个总状花序呈指状排列。

           29. 叶片线形罕或线状披针形，但秆均直立·········**黄金茅属** *Eulalia*

           29. 叶片披针形而常有柄状；秆常蔓生·········**莠竹属** *Microstegium*

23. 成对小穗并非均可成熟，其大小、形状和生芒的情况可不相同，其中无柄小穗成熟，有柄小穗则常退化而不孕。

    30. 穗轴节间与小穗柄粗短，呈三棱柱形、圆筒形或较宽扁而顶端膨大，两者互相紧贴，也可全部或部分地互相愈合以形成纳入无柄小穗的腔穴。

        31. 无柄小穗含2朵小花，其第二小花外稃2裂，且于裂片间生芒（在水蔗草属 *Apluda* 也可无芒）；穗轴节间及小穗柄通常有纤毛。

           32. 总状花序2个聚生，且常互相紧贴为一圆柱形，总状花序多节有多数小穗，裸露而无佛焰苞·····················**鸭嘴草属** *Ischaemum*

           32. 总状花序单生于主干及分枝的顶端，总状花序仅有一节而含3个异形的小穗，其下托以佛焰苞·····················**水蔗草属** *Apluda*

        31. 无柄小穗含1朵或2朵小花，其第二小花外稃无芒；穗轴节间及小穗柄无毛·····················**筒轴茅属** *Rottboellia*

    30. 穗轴节间及小穗柄通常细长，有时其上端变粗；成对小穗异形，其中的无柄小穗通常仅有1朵小花而且有芒。

        33. 无柄小穗的第二小花外稃之芒着生于稃体基部，其第一颖脉上具瘤状突起或刺瘤；叶片披针形或卵状披针形，基部略呈心脏形·········**荩草属** *Arthraxon*

        33. 无柄小穗的第二小花外稃之芒并非着生于稃体的基部，第一颖表面常较平整而无上述瘤状突起；叶片线形或狭披针形，基部狭窄或微呈心脏形。

           34. 总状花序呈圆锥状排列，若呈指状排列则穗轴节间及小穗柄边缘变厚而在中部具纵沟·····················**细柄草属** *Capillipedium*

           34. 总状花序成对或单独1个，稀可呈指状排列，有时为具佛焰苞的总状花序所形成的伪圆锥状花序·····················**菅属** *Themeda*

看麦娘属 *Alopecurus* L.

本属有40~50种，分布于北半球温带和寒冷地区。我国有8种；广西仅有1种；姑婆山亦有。

看麦娘

Alopecurus aequalis Sobol.

一年生草本。秆光滑，节处常膝曲。叶鞘光滑，短于节间；叶舌膜质；叶片扁平。圆锥花序圆柱状，灰绿色；小穗椭圆形或卵状长圆形；颖膜质，基部互相连合，具3脉，脊上有细纤毛，侧脉下部有短毛；外稃膜质，等大或稍长于颖，下部边缘互相连合，芒长1.5~3.5 mm，约于稃体下部1/4处伸出；花药橙黄色。颖果长约1 mm。花果期4~8月。

生于山坡林下或林缘荒地；常见。 全株入药，具有利湿消肿、解毒的功效；鲜时可作牲畜饲料。

水蔗草属 *Apluda* L.

本属仅有1种，广泛分布于欧亚大陆热带及亚热带地区。姑婆山亦有。

水蔗草
Apluda mutica L.

多年生草本。具坚硬根头及根状茎；秆质硬，节间上段常有白粉。叶鞘具纤毛或无；叶舌膜质，上缘微齿裂；叶耳小，直立；叶片扁平，两面无毛或沿侧脉疏生白色糙毛；先端长渐尖，基部渐狭成柄状。圆锥花序顶端常弯垂，由许多总状花序组成。颖果熟时蜡黄色，卵形。花果期夏秋季。

生于田边、水旁；常见。 全草入药，具有清热解毒、祛腐生肌的功效；可用于毒蛇咬伤、阳痿；根入药，外用于毒蛇咬伤；茎叶入药，外用于脚部糜烂。

荩草属 *Arthraxon* P. Beauv.

本属约有26种，分布于东半球的热带与亚热带地区。我国有12种；广西有1种；姑婆山亦有。

荩草

Arthraxon hispidus (Thunb.) Makino

一年生草本。秆基部倾斜或平卧，节上生根，光滑，具多分枝，节上密被短毛。叶鞘口及边缘被疣基毛；叶舌膜质，具长约1 mm纤毛；叶片扁平，卵形或卵状披针形，两面具毛，基部心形，抱茎，近边缘基部具较长的疣基纤毛。总状花序2~10枚呈指状排列，穗轴节间无毛；小穗成对生于各节；有柄小穗退化仅剩短柄，具毛。花果期9~11月。

生于山坡荒草地、路旁或溪边阴湿处；常见。 本种可作牧草；茎叶入药，可用于治疗久咳、洗疮；汁液可作黄色染料。

野古草属 *Arundinella* Raddi

本属约有60种，分布于亚洲和非洲热带、亚热带地区。我国有20种；广西有9种；姑婆山有2种。

分种检索表

1. 叶鞘被疣毛；第二外稃顶端具芒··································**毛秆野古草** *A. hirta*

1. 叶鞘无毛或被短柔毛；第二外稃顶端无芒··································**石芒草** *A. nepalensis*

毛秆野古草　野古草

Arundinella hirta (Thunb.) Tanaka

多年生草本。根状茎具鳞片；秆直立，单生，高70~100 cm。叶片线状披针形。圆锥花序长10~26 cm，稍阔展；小穗有不等长的柄，成对生于各节，长3.5~4.5 mm；第二小花外稃为硬纸质，无芒或有芒状小尖头。花果期秋季。

生于山坡疏林中、路旁；少见。　抽穗前为牲畜喜食的优良饲料；根状茎肥厚，固土力强，可用作固堤植物；全草入药，具有清热、凉血的功效。

芦竹属 *Arundo* L.

本属约有3种，分布于地中海地区至中国。我国有2种；广西有1种；姑婆山亦有。

芦竹
Arundo donax L.

多年生草本。具发达根状茎；秆粗大直立，高3~6 m，直径1~3.5 cm，坚韧，具多数节，常生分枝。叶鞘长于节间，无毛或颈部具长柔毛；叶舌截平，先端具短纤毛；叶片扁平，腹面与边缘微粗糙，抱茎。圆锥花序极大型，分枝稠密，斜升；小穗含2~4朵小花；外稃中脉延伸成1~2 mm的短芒，背面中部以下密生长柔毛，毛长5~7 mm，基盘长约0.5 mm，两侧上部具短柔毛，第一外稃长约1 cm；内稃长约为外稃的一半；雄蕊3枚。颖果细小，黑色。花果期9~12月。

生于山坡、路旁；常见。 根状茎、嫩笋芽入药，具有清热泻火的功效；茎纤维长，长宽比值大，纤维素含量高，是制造优质纸浆和人造丝的原料；幼嫩枝叶的粗蛋白质含量达12%，是牲畜的良好青饲料。

细柄草属 *Capillipedium* Stapf

本属约有14种，分布于非洲东部、亚洲热带地区及澳大利亚。我国有5种；广西有2种；姑婆山仅有1种。

细柄草 吊丝草
Capillipedium parviflorum (R. Br.) Stapf

多年生簇生草本。秆不分枝或具数条直立、贴生的分枝。叶舌干膜质，边缘具短纤毛；叶片线形，长15~30 cm，基部收窄，近圆形，两面无毛或被糙毛。圆锥花序长7~10 cm，分枝簇生，可具1~2回小枝，光滑无毛；有柄小穗较短或与无柄小穗等长。花果期8~12月。

生于山坡、路旁草地或灌草丛；常见。　未抽穗时秆叶柔嫩，可作牲畜饲料。

狗牙根属 *Cynodon* Rich.

本属有10种，分布于欧洲、亚洲的亚热带及热带地区。我国有2种；广西有1种；姑婆山亦有。

狗牙根

Cynodon dactylon (L.) Persoon

低矮草本。秆下部匍匐地面蔓延甚长，节上常生不定根，光滑无毛，有时两侧略压扁。叶鞘微具脊，无毛或有疏柔毛，鞘口常具柔毛；叶舌仅为一轮纤毛；叶片线形，通常两面无毛。穗状花序2~6个；小穗灰绿色或带紫色，仅含1朵小花；外稃舟形，具3脉，背部明显成脊，脊上被柔毛；内稃具2脉；子房无毛，柱头紫红色。颖果长圆柱形。花果期5~10月。

生于山坡、路旁荒地；常见。其根状茎蔓延力很强，广铺地面，为良好的固堤保土植物，常用以铺建草坪或球场；全草入药，具有清血、解热、生肌的功效。

马唐属 *Digitaria* Haller

本属约有250种，分布于热带和暖温带地区。我国有22种；广西有10种；姑婆山仅有2种。

分种检索表

1. 第一颖微小，三角形；第二颖长为小穗的1/3~2/3 ························马唐 *D. sanguinalis*
1. 第一颖不存在；第二颖短小，长不超过小穗的1/4 ·······················海南马唐 *D. setigera*

海南马唐　短颖马唐

Digitaria setigera Roth ex Roem. et Schult.

多年生草本。秆基部横卧地面，高达1 m。叶片宽线形，长10~20 cm。总状花序7~9个，长约10 cm；小穗披针形，长约3 mm，孪生；第一颖不存在，第二颖长为小穗长的1/3以下；第一小花外稃与小穗等长，具5~7条脉，边缘被长柔毛；第二小花外稃浅绿色。花果期6~10月。

生于山坡林下、路旁；常见。　本种为优良的牧草。

穆属 *Eleusine* Gaertn.

本属约有9种，产于热带和亚热带地区。我国有2种；广西仅有1种；姑婆山亦有。

牛筋草 蟋蟀草
Eleusine indica (L.) Gaertn.

一年生草本。秆丛生，基部倾斜。叶鞘两侧压扁而具脊，无毛或疏生疣毛；叶舌长约1 mm；叶片线形，无毛或上面被疣毛。穗状花序2~7个指状着生于秆顶，很少单生，长3~10 cm；小穗含3~6朵小花；第一外稃卵形，具脊，脊上有狭翼，内稃短于外稃，具2脊，脊上具狭翼。囊果卵形，具明显的波状皱纹。花果期6~10月。

生于山坡、路旁；常见。　全草入药，具有清热解毒、祛风利湿、散瘀止血的功效；全株亦可作牛、羊的饲料，又为优良的保土植物。

画眉草属 *Eragrostis* Wolf

本属约有350种，主要分布于热带和亚热带地区。我国约有32种；广西有17种；姑婆山有1种。

牛虱草 虱嫲草

Eragrostis unioloides (Retz.) Nees ex Steud.

一年生或多年生草本。秆直立或下部膝曲，具匍匐枝，通常3~5节。叶鞘光滑无毛，鞘口具长毛；叶舌膜质，叶片平展，长2~20 cm，宽3~6 mm，腹面疏生长毛，背面光滑。圆锥花序开展，长5~20 cm，宽3~5 cm，每节一个分枝，腋间无毛；小穗含10~20朵小花；小花密接而覆瓦状排列，成熟时开展并呈紫色。颖果椭圆形。花果期8~10月。

生于山坡荒地、路旁；常见。

黄金茅属 *Eulalia* Kunth

本属有30多种，分布于欧亚大陆的热带和亚热带地区。我国有14种；广西有4种；姑婆山有1种。

金茅

Eulalia speciosa (Debeaux) Kuntze

秆高70~120 cm，通常无毛或紧接花序
下部分有白色柔毛，节常被白粉。叶舌截
平；叶片长25~50 cm，宽4~7 mm，质硬，
扁平或边缘内卷，除腹面近基部有柔毛外，
均无毛。总状花序5~8个，淡黄棕色至棕
色；轴节间长3~4 mm，边缘具白色或淡黄
色纤毛；有柄小穗相似于穗，具有与总状花
序轴节间等长或稍短的柄。花果期8~11月。

　　生于山坡草地上；少见。　根、茎入
药，有行气破血、止血的功效，可用于妇女
病、干潮热。

耳稃草属 *Garnotia* Brongn.

本属约有30种，分布于亚洲东部和南部、澳大利亚东北部以及太平洋诸岛。我国有8种4变种；广西有2种1变种；姑婆山有1变种。

无芒耳稃草 无芒加诺草、无芒葛氏草
Garnotia patula var. *mutica* (Munro) Rendle

多年生草本。秆直立，无毛或节具微毛。叶鞘无毛，均长于间间，鞘颈被髭毛；叶舌膜质，边缘具微小纤毛；叶片线形，扁平，上面被疣基长柔毛。圆锥花序稀疏开展；小穗狭披针形，基部具1圈短毛；两颖等长或第一颖稍长，无芒或第一颖具芒尖；外稃几乎等长或稍短于颖，先端渐尖，无芒，光滑，基部呈柄状；内稃较短于外稃，近基部边缘具耳，耳以上至顶具软柔毛。颖果纺锤形，一面扁平，一面微凸。花果期9~10月。

生于山坡、沟谷疏林中或林缘路旁；常见。

白茅属 *Imperata* Cyrillo

本属约有10种；分布于热带和亚热带地区。我国有3种1变种；广西有1种1变种；姑婆山有1变种。

大白茅

Imperata cylindrica var. *major* (Nees) C. E. Hubbard

多年生草本。具粗壮的长根状茎；秆具1~3节，节无毛。叶鞘聚集于秆基，长于其节间，老后破碎呈纤维状；叶舌膜质，紧贴其背部或鞘口，具柔毛；秆生叶片窄线形，通常内卷，先端渐尖呈刺状，被白粉。圆锥花序松散，长约20 mm；小穗长2.5~4.5 mm，基盘具长12~16 mm的丝状柔毛；花药长2~3 mm；花柱细长，基部多少连合，柱头2枚，紫黑色，羽状，自小穗顶端伸出。颖果椭圆形，长约1 mm。花果期4~6月。

生于山坡、林缘荒草地或灌草丛中；常见。 根状茎含果糖、葡萄糖等，味甜可食用，入药为利尿剂、清凉剂；茎叶可作牲畜牧草，秆可作造纸的原料。

柳叶箬属 *Isachne* R. Br.

本属约有90种，分布于热带地区，其中亚洲热带地区最多。我国有18种；广西有8种；姑婆山有3种。

分种检索表

1. 植株匍匐地面，节上生根，通常可形成草皮，仅花枝直立，高5~30 cm；叶片多为卵状披针形；圆锥花序较小，长2~6 cm ·················· 日本柳叶箬 *I. nipponensis*
1. 植株直立，或仅基部节卧地而倾斜，但不形成草皮，通常高在30 cm以上；叶片多为线状披针形或披针形，稀卵状披针形；圆锥花序较大，长8~25 cm。
　2. 叶鞘或至少下部的叶鞘具疣基小刺毛 ·················· 刺毛柳叶箬 *I. sylvestris*
　2. 叶鞘无疣基小刺毛，或仅于边缘及鞘口具纤毛 ·················· 白花柳叶箬 *I. albens*

白花柳叶箬

Isachne albens Trin.

多年生草本。秆直立或基部节上生根而倾斜，基部数节可分枝，无毛。叶鞘除边缘具柔毛外，其余部分无毛，短于节间，或上部者稍长于节间；叶舌纤毛状；叶片披针形，腹面具短硬毛而粗糙，背面无毛，边缘加厚而为软骨质。圆锥花序椭圆形或倒卵状椭圆形，开展，长15~25 cm；小穗长1~1.5 mm，灰白色；两小花同质同形，第一小花两性，第二小花常为雌性。颖果椭圆形。花果期夏秋季。

生于山坡林下、路旁荒草地；常见。

日本柳叶箬

Isachne nipponensis Ohwi

多年生草本。秆横卧地面，节上被细柔毛。叶鞘短于节间，无毛或有微柔毛，边缘及鞘口具纤毛；叶舌纤毛状；叶片卵状披针形，边缘微波状，具微小的细齿，腹面疏生贴伏的疣基细毛，背面具微柔毛。圆锥花序略呈倒卵圆形，基部通常为叶鞘所包；小穗球状椭圆形；两小花同质同形，均可结实，椭圆形；外稃被微毛，与内稃均变硬而为革质。颖果半球形。花果期夏秋季。

生于山坡林下、路旁荒草地、溪边；常见。

刺毛柳叶箬

Isachne sylvestris Ridl.

多年生草本。秆有时于基部节上生根而伏卧。叶鞘短于节间，松弛裹茎，密生疣基细刺毛；叶舌纤毛状；叶片长卵状披针形，先端渐尖，基部钝或圆形，边缘软骨质。圆锥花序伸出叶鞘外，但基部为叶鞘所包；小穗椭圆形或卵状椭圆形；两颖近相等，略长或稍短于小穗，顶端短尖；两小花同质同形，均为两性，或有时第一小花为雄性，第二小花为雌性。颖果卵圆形。花果期8~12月。

生于山坡林下及路旁；常见。

鸭嘴草属 *Ischaemum* L.

本属约有70种，分布于热带至温带地区，主产于亚洲南部至大洋洲。我国有12种；广西有4种；姑婆山有1种。

细毛鸭嘴草

Ischaemum ciliare Retz.

多年生草本。秆直立或基部平卧至斜升，节上密被白色髯毛。叶鞘疏生疣毛；叶舌上缘撕裂状；叶片线形，长可达12 cm，宽可达1 cm，两面被疏毛。总状花序2（偶见3~4）个孪生于秆顶，开花时常互相分离，长5~7 cm或更短；总状花序轴节间和小穗柄的棱上均有长纤毛；第一颖先端具2齿，两侧上部有阔翅，边缘有短纤毛，下部光滑无毛；第二颖舟形，与第一颖等长，下部光滑，上部具脊和窄翅，边缘有纤毛；子房无毛，柱头紫色；有柄小穗具膝曲芒。花果期夏秋季。

生于山坡草丛中和路旁及旷野草地。少见。 本种幼嫩时可作饲料。

淡竹叶属 *Lophatherum* Brongn.

本属有2种，分布于东南亚及东亚。我国2种均产；广西仅有1种；姑婆山亦有。

淡竹叶 山鸡米
Lophatherum gracile Brongn.

多年生草本。具木质缩短的根状茎；须根中部可膨大为纺锤形小块根。秆高0.4~1 m，具5~6节。叶片披针形，有明显小横脉，有时被柔毛或疣基小刺毛，基部狭缩呈柄状；叶鞘平滑或外侧边缘具纤毛。圆锥花序长12~25 cm；小穗线状披针形，具极短的柄。颖果长椭圆形。花果期5~11月。

生于山坡林下及路旁；常见。　叶、枝入药，具有清热除烦、利尿的功效。

莠竹属 *Microstegium* Nees

本属约有20种，分布于东半球热带至暖温带。我国有16种；广西有3种；姑婆山有2种。

分种检索表

1. 小穗第一颖背部无毛，边缘有纤毛；第二外稃具长8~14 mm稍曲折的芒；花药长1~1.5 mm⋯⋯⋯⋯⋯⋯⋯⋯⋯⋯⋯⋯⋯⋯⋯⋯⋯⋯⋯⋯⋯⋯⋯⋯⋯⋯⋯⋯⋯⋯**刚莠竹** *M. ciliatum*
1. 小穗第一颖背面沿脉具刺毛；第二外稃具长约8 mm扭转膝曲的芒；花药长2~2.5 mm⋯⋯⋯⋯⋯⋯⋯⋯⋯⋯⋯⋯⋯⋯⋯⋯⋯⋯⋯⋯⋯⋯⋯⋯⋯⋯⋯⋯⋯⋯**蔓生莠竹** *M. fasciculatum*

蔓生莠竹 单花莠竹

Microstegium fasciculatum (L.) Henrard

多年生草本。秆高达1 m，多节，下部节着土生根并分枝。叶鞘无毛或鞘节具毛；叶先端丝状渐尖，基部狭窄，不具柄，两面无毛，微粗糙。总状花序紫色，着生于无毛的主轴上；总状花序轴节间呈棒状，稍短于小穗的1/3，边缘具短纤毛；第二外稃卵形，2裂，芒从裂齿间伸出，长8~10 mm，中部膝曲；第二内稃卵形，顶端钝或具3齿，无脉；有柄小穗与其无柄小穗相似。花果期8~10月。

生于山坡疏林中及路旁；常见。 叶入药，可用于止血。

芒属 *Miscanthus* Andersson

本属约有 14 种，主要分布于东南亚，在非洲也有少数种类。我国有 7 种；广西有 2 种；姑婆山均产。

分种检索表

1. 圆锥花序大型，长30~50 cm，主轴延伸达花序的2/3以上······················五节芒 *M. floridulus*
1. 圆锥花序较小，长15~40 cm，主轴延伸不达花序的中部······························芒 *M. sinensis*

五节芒　萱仔

Miscanthus floridulus (Labill.) Warb. ex K. Schum. & Lauterb.

秆高2~5 m，粗壮，无毛，节下常有白粉。叶片披针状线形，两面无毛，或腹面基部有柔毛，边缘粗糙。圆锥花序大，长30~50 cm，主轴的粗壮部分明显延伸，几乎达花序顶部，或至少达花序的2/3，无毛，分枝纤细，蜿蜒状；小穗卵状披针形，长3~4 mm。花果期夏秋季。

生于山坡荒草地、沟谷疏林中；常见。　根状茎入药，具有清热利尿、止渴的功效；虫瘿具有发表、理气、调经的功效；茎叶可作造纸原料；嫩叶可作牛的饲料。

芒

Miscanthus sinensis Andersson

　　多年生草本。秆高达 2 m。叶片条形。圆锥花序呈伞房状，长10~30 cm，花序主轴的粗壮部分延伸至花序的中部以下，分枝粗壮；节间与小穗柄均无毛；小穗圆状披针形，成对生于各节，长 4~6 mm，均结实且同形，含2朵小花；第一颖两侧有脊，脊间2~3脉，背部无毛；芒自第二外稃裂齿间伸出，膝曲；雄蕊3枚；柱头自小穗两侧伸出。花果期7~12月。

　　生于山坡草地、路旁；常见。　　本种可用作防沙、绿篱、放牧；幼茎入药，具有散血去毒的功效；秆皮可造纸或编草鞋；秆穗作扫帚等。

类芦属 *Neyraudia* Hook. f.

本属约有5种，分布于东半球的热带及亚热带地区。我国有4种；广西有1种；姑婆山亦有。

类芦 石珍茅、望冬草、聊箭秆子
Neyraudia reynaudiana (Kunth) Keng ex Hitchc.

多年生草本。秆直立，通常节具分枝，节间被白粉。叶鞘无毛，仅沿颈部具柔毛；叶舌密生柔毛；叶片扁平或卷折，先端长渐尖，无毛或腹面生柔毛。圆锥花序稠密，长30~80 cm；小穗两侧压扁状，长6~8 mm；第一小花仅存外稃，无毛，其他小花的外稃近边缘的侧脉上被白色长柔毛。花果期8~12月。

生于山坡荒草地或林缘路旁；常见。本种可作固堤植物，也常用作围篱；茎叶为造纸的原料，也可制人造丝；幼茎、竹沥、嫩叶入药，具有清热解毒、利湿、消肿、止血、利尿的功效。

求米草属 *Oplismenus* P. Beauv.

本属有5~9种，广泛分布于热带、亚热带和温带地区。我国有4种11变种；广西产2种4变种；姑婆山有1种2变种。

分种检索表

1. 花序分枝延伸，形成穗形总状花序，小穗孪生……………………………………竹叶草 *O. compositus*
1. 花序分枝短缩，小穗孪生或簇生于其上，有时下部的分枝可延伸长达1 cm。
　2. 叶片披针形或线状披针形，长4~8 cm，宽0.5~1.2 cm……………………………………
　………………………………………………………狭叶求米草 *O. undulatifolius* var. *imbecillis*
　2. 叶片阔披针形或狭卵状长椭圆形，长5~12 cm，宽1.2~3 cm…………………………………
　…………………………………………………………日本求米草 *O. undulatifolius* var. *japonicus*

竹叶草

Oplismenus compositus (L.) P. Beauv.

一年生草本。秆基部平卧地面，节着地生根。叶鞘近无毛或疏生毛；叶片披针形至卵状披针形，基部多少包茎而不对称，近无毛或边缘疏生纤毛，具横脉。圆锥花序长5~15 cm，主轴无毛或疏生毛；分枝互生而疏离；小穗孪生；颖边缘常被纤毛；第一颖顶端芒长0.7~2 cm；第二颖顶端芒长1~2 mm；第一小花与小穗等长，先端具芒尖；第二外稃边缘内卷；花柱基部分离。花果期9~11月。

生于山坡林下或林缘路旁；常见。

黍属 *Panicum* L.

本属约有500种，分布于热带和亚热带地区，少数分布于温带地区。我国有21种；广西有10种；姑婆山有2种。

分种检索表

1. 多年生草本；秆木质；第一颖长为小穗的1/2以上·······················藤竹草 *P. incomtum*
1. 一年生草本；秆草质；第一颖长为小穗的1/3~1/2·······················糠稷 *P. bisulcatum*

藤竹草

Panicum incomtum Trin.

多年生草本。秆木质，攀缘或蔓生，多分枝，无毛或常在花序下部被柔毛。叶鞘被毛，老时渐脱落；叶舌顶端被纤毛；叶片披针形至线状披针形，两面被柔毛，老时逐渐脱落。圆锥花序开展，长10~15 cm，主轴直立；第一颖卵形，长约为小穗的1/2或超过，具3~5脉。花果期7月至翌年3月。

生于路旁、山坡、沟谷；常见。

雀稗属 *Paspalum* L.

本属约有330种，分布于全世界热带与亚热带地区，美洲热带地区最丰富。我国有16种；广西有9种；姑婆山有1种1变种。

分种检索表

1. 小穗边缘或顶端具长1~2 mm的丝状柔毛 ··· 两耳草 *P. conjugatum*
1. 小穗无毛，有时被微毛，但不具丝状柔毛 ·················· 圆果雀稗 *P. scrobiculatum* var. *orbiculare*

两耳草

Paspalum conjugatum Bergius

多年生草本。具长达1 m的匍匐茎；秆直立部分高30~60 cm。叶片披针状线形，长5~20 cm，宽5~10 mm；无毛或边缘具疣柔毛；叶舌极短，与叶片交接处具长约1 mm的一圈纤毛。总状花序2个，纤细，长6~12 cm；小穗卵形，长1.5~1.8 mm，覆瓦状排列成2行；第二颖边缘具长丝状柔毛，毛与小穗近等长。花果期夏秋季。

生于山坡、路旁；常见。　本种可作牲畜饲料，供放牧利用；有保土作用，可作草坪植物。

禾亚科 Agrostidoideae

狼尾草属 *Pennisetum* Rich.

本属约有80种，分布于热带及亚热带地区。我国有11种；广西有2种；姑婆山有1种。

狼尾草 戾草

Pennisetum alopecuroides (L.) Spreng.

多年生草本。秆直立，丛生，在花序下密生柔毛。叶鞘光滑，两侧压扁；叶舌具长约2.5 mm纤毛；叶片线形，长10~80 cm，宽3~8 mm，基部生疣毛。圆锥花序直立，长5~25 cm，宽1.5~3.5 cm；主轴密生柔毛；小穗通常单生，偶有双生，线状披针形。颖果长圆形，长约3.5 mm。花果期夏秋季。

生于山坡、路旁；常见。　根、根状茎及全草入药，具有清肺止咳、凉血明目的功效；可作牲畜饲料。

早熟禾属 *Poa* L.

本属有500余种，广泛分布于全球温带、寒带以及热带、亚热带高海拔山地。我国有81种；广西有2种；姑婆山2种均产。

分种检索表

1. 叶鞘常完全闭合；叶舌长0.5~1 mm；圆锥花序长8~23 mm；小穗粉绿色；外稃基盘有绵毛……
……………………………………………………………… 白顶早熟禾 *P. acroleuca*

1. 叶鞘自中部以下闭合；叶舌长1~2 mm；圆锥花序长2~7 mm；小穗绿色；外稃基盘无绵毛……
……………………………………………………………………… 早熟禾 *P. annua*

白顶早熟禾
Poa acroleuca Steud.

一年生或二年生草本。秆直立，具3~4节。叶鞘闭合，平滑无毛，顶生叶鞘短于其叶片；叶片质地柔软，平滑或上面微粗糙。圆锥花序金字塔形，长10~20 cm；分枝2~5枚着生于各节；小穗含2~4朵小花；第一颖具1脉，第二颖具3脉；外稃无毛；内稃较短于外稃，脊具细长柔毛。颖果纺锤形。花果期5~6月。

生于路旁、山坡、沟谷；常见。 本种可作牲畜饲料。

早熟禾

Poa annua L.

秆直立或倾斜，全体平滑无毛。叶鞘稍压扁，中部以下闭合；叶舌圆头；叶片扁平或对折，常有横脉纹，先端急尖呈船形，边缘微粗糙。圆锥花序宽卵形，长3~7 cm，开展；分枝1~3枚着生各节，平滑；小穗含3~5朵小花；第一颖披针形具1脉，第二颖具3脉；外稃的脊与边脉下部具柔毛，基盘无绵毛；内稃与外稃近等长，两脊密生丝状毛。颖果纺锤形。花期4~5月，果期6~7月。

生于沟谷、山坡、路旁草地；常见。　本种可作牲畜饲料；全草入药，可用于咳嗽、湿疹、跌打损伤。

早熟禾

金发草属 *Pogonatherum* P. Beauv.

本属约有4种，分布于亚洲和大洋洲的热带和亚热带地区。我国有3种；广西有2种；姑婆山有1种。

金丝草

Pogonatherum crinitum (Thunb.) Kunth

秆丛生，直立或基部稍倾斜。叶鞘短于或长于节间，向上部渐狭，稍不抱茎，除鞘口或边缘被细毛外均无毛；叶舌短，纤毛状；叶片线形，扁平，稀内卷或对折，先端渐尖，基部为叶鞘顶宽的1/3，两面均被微毛而粗糙。穗形总状花序单生于秆顶，乳黄色。颖果卵状长圆形；有柄小穗与无柄小穗同形同性，但较小。花果期5~9月。

生于山坡路旁、沟谷水边；常见。　全草入药，具有清热、解暑、利尿的功效；是牛、马、羊喜食的优良牧草。

禾亚科 Agrostidoideae

简轴茅属 *Rottboellia* L. f.

本属有5种，分布于欧亚大陆热带地区。我国有2种；广西有1种；姑婆山亦有。

简轴茅

Rottboellia cochinchinensis (Lour.) Clayton

一年生粗壮草本。秆直立，无毛。叶鞘具硬刺毛或变无毛；叶舌上缘具纤毛；叶片线形，中脉粗壮，无毛或上面疏生短硬毛，边缘粗糙。总状花序粗壮直立，长可达15 cm；总状花序轴节间肥厚，易逐节断落；无柄小穗嵌生于凹穴中，第一颖背面糙涩，边缘具极窄的翅；第二颖舟形；第一小花雄性；第二小花两性；雌蕊柱头紫色。颖果长圆状卵形。花果期秋季。

多生于路旁草丛中；常见。 全草入药，具有利尿通淋的功效，可用于小便涩滞不畅、尿痛、尿黄、尿血等。

甘蔗属 *Saccharum* L.

本属有35~40种，分布于热带及亚热带地区。我国有12种；广西有10种；姑婆山有1种。

斑茅 大密

Saccharum arundinaceum Retz.

多年生草本。无根状茎；秆直立，具多节，无毛。叶鞘长于其节间，基部或上部边缘和鞘口具柔毛；叶片线状披针形，无毛，边缘齿状粗糙。圆锥花序大而稠密，长20~100 cm，主轴及总花梗均无毛，穗轴节间及小穗柄均有长丝状毛；小穗基盘被白色丝状毛，毛长为小穗长的1/5~1/3；颖密被白色丝状长毛。颖果长圆形。花果期8~12月。

生于山坡和河岸溪涧草地；常见。　嫩叶可作牛马的饲料；秆可用于编席和造纸；根入药，具有通窍利水、破血通经的功效；花穗具有止血的功效。

囊颖草属 *Sacciolepis* Nash

本属约有30种，分布于热带和温带地区，主要分布于非洲。我国有3种；广西3种均产；姑婆山仅有1种。

囊颖草 滑草
Sacciolepis indica (L.) Chase

一年生草本，通常丛生。秆基常膝曲。叶鞘具棱脊，短于节间；叶舌先端被短纤毛；叶片线形，无毛或被毛。圆锥花序紧缩成圆筒状，长1~6 cm，或更长，主轴无毛，具棱；小穗卵状披针形，绿色或稍带紫色，无毛或被疣基毛；第一颖为小穗长的1/3~2/3；第一外稃等长于第二颖；第二外稃平滑而光亮，长约为小穗长的1/2，边缘包着较其小而同质的内稃。颖果椭圆形。花果期7~11月。

生于山坡林下、林缘路旁或荒地；常见。秆、叶柔嫩，可作牛、羊的饲料；全草入药，具有生肌埋口、止血的功效，外用于跌打损伤、疮口腐烂、久不生肌。

狗尾草属 *Setaria* P. Beauv.

本属约有130种，广泛分布于热带和温带地区，甚至可分布于北极圈内。我国有14种；广西有9种；姑婆山有2种。

分种检索表

1. 植株粗壮高大；叶片纺锤状披针形，宽2~7 cm··········**棕叶狗尾草** *S. palmifolia*
1. 植株矮小细弱；叶片披针形或线状披针形，宽小于2 cm··········**狗尾草** *S. viridis*

棕叶狗尾草 箬叶莩、雏茅、棕叶草
Setaria palmifolia (J. Koenig) Stapf

多年生草本。秆直立或基部稍膝曲。叶鞘具密或疏疣毛，少数无毛，上部边缘具较密而长的疣基纤毛，下部边缘无纤毛；叶舌具长2~3 mm的纤毛；叶片纺锤状宽披针形，近基部边缘有长约5 mm的疣基毛，两面具疣毛或无毛。圆锥花序呈开展或稍狭窄的塔形，长20~60 cm，主轴具棱角；小穗紧密或稀疏排列于小枝的一侧；第一颖长为小穗长的1/3~1/2；第二颖长为小穗长的1/2~3/4或略短于小穗。颖果卵状披针形。花果期8~12月。

生于山坡、沟谷密林中及路旁；常见。 根入药，具有益气固脱的功效；颖果含丰富淀粉，可供食用。

狗尾草 谷莠子、莠

Setaria viridis (L.) P. Beauv.

　　一年生草本。秆直立或基部膝曲。叶鞘无毛或疏具柔毛或疣毛，边缘具较长的密绵毛状纤毛；叶舌边缘有长1~2 mm的纤毛；叶片扁平，通常无毛或疏被疣毛，边缘粗糙。圆锥花序紧密呈圆柱状或基部稍疏离，轴被较长柔毛；小穗2~5个簇生于主轴上或更多的小穗着生在短小枝上；第一颖长约为小穗长的1/3；第二颖几乎与小穗等长；第一外稃与小穗等长，具5~7条脉。颖果灰白色。花果期5~10月。

　　生于山坡、路旁；常见。　　全草入药，具有祛风明目、清热利尿的功效；可作牲畜饲料。

狗尾草 谷莠子、莠

Setaria viridis (L.) P. Beauv.

稗荩属 *Sphaerocaryum* Nees ex Hook. f.

本属仅有1种，广泛分布于亚洲热带和亚热带地区。姑婆山亦有。

稗荩

Sphaerocaryum malaccense (Trin.) Pilg.

一年生草本。秆下部卧伏地面，于节上生根。叶鞘短于节间，被基部膨大的柔毛；叶舌先端具长约1 mm的纤毛；叶片卵状心形，基部抱茎，边缘粗糙，疏生硬毛。圆锥花序卵形；秆上部的1、2叶鞘内常有隐藏或外露的花序，小穗柄中部具黄色腺点；小穗含1朵小花；颖透明膜质，无毛，第一颖长约为小穗长的2/3，无脉。颖果卵圆形。花果期秋季。

生于山坡林下、林缘路旁荒草地；常见。

大油芒属 *Spodiopogon* Trin.

本属约有15种，分布于亚洲东部地区。我国有9种；广西有2种；姑婆山有1种。

油芒 秋茅

Spodiopogon cotulifer (Thunb.) Hack.

一年生草本。秆直立，具5~13节，秆节稍膨大，节下被白粉，节间平滑无毛。叶鞘无毛，下部者压扁成脊并长于节间，上部者圆筒形较短于节间，鞘口具柔毛；叶舌先端具小纤毛，紧贴其背部具柔毛；叶片披针状线形，腹面粗糙，背面贴生疣毛，边缘微粗糙。圆锥花序开展，长15~30 cm，顶端下垂；分枝轮生，上部具6~15节，节生短髭毛。花果期9~11月。

生于山坡林下、林缘路旁；常见。　全草入药，具有解表、清热、活血通经的功效；可作牲畜饲料。

鼠尾粟属 *Sporobolus* R. Br.

本属约有160种；广泛分布于热带及亚热带地区。我国有8种；广西有3种；姑婆山有1种。

鼠尾粟

Sporobolus fertilis (Steud.) Clayton

多年生草本。秆丛生，平滑无毛。叶鞘平滑无毛或其边缘稀具极短的纤毛，下部者长于节间，上部者短于节间；叶舌纤毛状；叶片平滑无毛，或仅腹面基部疏生柔毛，通常内卷，少数扁平。圆锥花序较紧缩呈线形，常间断，或稠密近穗形；小穗灰绿色且略带紫色；外稃与小穗等长。囊果成熟后红褐色，明显短于外稃和内稃。花果期3~12月。

生于林缘路边、山坡草地及山谷阴湿处；常见。　全草入药，具有清热解毒、凉血、利尿的功效。

菅草属 *Themeda* Forssk.

本属有27种，分布于欧亚大陆的热带和亚热带地区，主产于亚洲。我国有13种；广西有6种；姑婆山仅有1种。

苞子草
Themeda caudata (Nees) A. Camus

多年生簇生草本。秆光滑，有光泽。叶鞘在秆基套叠，平滑，具脊；叶舌有睫毛；叶片线形，背面疏生柔毛，边缘粗糙。大型伪圆锥花序多回复出，由带佛焰苞的总状花序组成，佛焰苞长2.5~5 cm；总状花序由9~11个小穗组成，总苞状2对小穗不着生在同一水平面，总苞状小穗线状披针形，第一颖几乎全包被同质的第二颖。颖果长圆形。花果期7~12月。

生于山坡、林缘路旁；常见。秆叶可作造纸原料；根状茎入药，具有清热的功效，可用于热咳。

棕叶芦属 *Thysanolaena* Nees

单种属，分布于亚洲热带地区。姑婆山亦有。

棕叶芦

Thysanolaena latifolia (Roxb. ex Hornem.) Honda

多年生丛生草本。秆具白色髓部，不分枝。叶鞘无毛；叶舌截平；叶片披针形，具横脉，基部心形，具柄。圆锥花序大型，长达50 cm，分枝多；小穗柄具关节；颖片无脉，长为小穗长的1/4；第一花仅具外稃，约与小穗等长；第二外稃卵形，具3脉，顶端具小尖头，边缘被柔毛。颖果长圆形，长约0.5 mm。一年有2次花果期，春夏或秋季。

生于山坡、山谷或树林下和灌丛中；常见。 秆高大坚实，可作篱笆或造纸；叶可裹粽，花序可用作扫帚；栽培可作绿化观赏用。

结缕草属 *Zoysia* Willd.

本属约有9种，分布于非洲、亚洲和大洋洲的热带和亚热带地区。我国有5种；广西有2种；姑婆山有1种。

中华结缕草
Zoysia sinica Hance

多年生草本。具横走根状茎；秆直立，高13~30 cm。叶鞘无毛，叶舌不明显；叶片无毛，质地稍坚硬，扁平或边缘内卷。总状花序穗状，小穗排列稍疏，伸出叶鞘外；小穗披针形或卵状披针形；颖光滑无毛，先端有小芒尖；外稃膜质；雄蕊3枚；花柱2枚。颖果长椭圆形。花果期5~10月。

生于山坡、路旁；少见。　国家二级重点保护植物；叶片质硬，耐践踏，可用于铺建球场草坪。

中文名索引

拉丁名索引

E

F

G

H

I

J